Gert G. v. Harling

ZAUBER DER HIRSCHBRUNFT

Gert G. v. Harling

ZAUBER DER HIRSCHBRUNFT

Neumann-Neudamm

ISBN 978-3-7888-1675-9

Hrsg.: Julius-Neumann-Stiftung / Deutsche Jagdbibliothek
Schwalbenweg 1, 34212 Melsungen
Tel. 05661-9262-0, Fax 05661-9262-20
www.neumann-neudamm.de
info@neumann-neudamm.de

Printed in the European Community
Satz und Layout: J. Neumann-Neudamm AG
Titelgestaltung: J. Neumann-Neudamm AG
Bildnachweis: Alle Abbildungen von Karl-Heinz Volkmar
Druck & Verarbeitung: Gorenjski tisk d.d.

Inhaltsverzeichnis

Vorwort

Bunt sind schon die Wälder,
gelb die Stoppelfelder,
und der Herbst beginnt.
Rote Blätter fallen,
graue Nebel wallen,
kühler weht der Wind.

Dieses Lied komponierte der Hofkapellmeister Johann Friedrich Reichardt 1752 in Königsberg.

„Bunt sind schon die Wälder …"
Der Herbst hat den Sommer verdrängt. Welke Blätter suchen ihre letzte Ruhestätte, graue Nebel spielen um das verbliebene goldene Laub. Die leuchtenden Tage täuschen kaum darüber hinweg, dass sich nach Wochen der Fülle und Fröhlichkeit, des ungestümen Wachsens und Lebens, Schwermut und Abschiednehmen in der Natur ankünden. Die Nächte werden kalt und klar. Morgens wabern dichte Nebelschwaden über Wald und Wiese, Moor und Heide, Feld und Flur.

Die wogenden, einst grünen, dann goldenen Felder haben sich in schwarzbraune Sturzäcker verwandelt, Rauchschwalben diskutieren auf den Hochspannungsleitungen zwitschernd ihre Reiserouten in wärmere Gefilde. In mir regen sich wehmütige Erinnerungen an längst vergangene Hühnerjagden.

Ich bin in einem Rotwildrevier aufgewachsen. Das ist wörtlich zu nehmen. In meiner Jugendzeit hielt ich mich mehr in Gottes freier Natur als in der Stube auf, saß länger auf weichem Waldboden als auf der harten Schulbank, habe mich nahe „meiner" Hirsche wohler gefühlt als in engen Büroräumen. Meine wenig berauschenden Schulnoten und die weißen Haare meiner Mutter sind Beweis dafür, tempi passati.

Die „zehn heiligen Tage", die Zeit der Hirschbrunft, haben begonnen.

Meine Gedanken schweifen weit zurück, in Zeiten, als die Geschicke der Jagd noch von idealistischen Fachleuten und nicht von verbohrten Ideologen bestimmt wurden, als „der hirschgerechte Jäger“ für Forstmänner eine Auszeichnung bedeutete und nicht belächelt wurde, als ein kapitales Hirschgeweih Ehrfurcht einflößte und als Jäger ihren Frauen die Grandeln ihres ersten Rothirsches stolz in goldene Eichenblätter fassen ließen – Statussymbol und Erkennungszeichen der „Grünen Gilde“.

Durch die Fenster der Jagdhütte dringt das Röhren eines Hirsches. Je näher es kommt, je lauter es wird, desto weiter wandern meine Gedanken in die Vergangenheit zurück.

Die Brunft des Rotwildes, das Angehen eines Hirsches mit dem Ruf haben mich mein „grünes“ Leben lang von allen Jagdarten am meisten fasziniert.

Gerade 16 Jahre alt, erlegte ich meinen ersten Rothirsch. Bis dahin aber war es ein beschwerlicher Weg. Ich musste bei unserem Wildmeister durch eine harte Schule gehen, lernen, Hirsche zu bestätigen und für die Arbeit der Schweißhunde auf kalter Fährte zu lancieren, hirschgerechte Zeichen zu lesen, den Ruf mit der Muschel zu beherrschen und den einen oder anderen Jagdgast zu führen.

Das ist lange her und seitdem geht es mit der „Hohen Jagd“ bergab. Rotwildjagd aus Passion gilt als verpönt, Freude an der Jagd wird durch Wildmanagement, gefühlslose Bestandsregulierung, ersetzt.

Trotzdem jage ich so wie meine Vorväter und andere passionierte Forstleute vergangener Jägergenerationen. Ausschließlich ihnen verdanken wir in Deutschland vorbildliche Wälder und, leider nicht mehr überall gepflegte, Wildbestände, um die wir im Ausland beneidet werden.

Ich jage aus Freude am Naturgenuss, entwickele Jagdstrategien, um nichts dem Zufall zu überlassen, setze alle Sinne und körperlichen Energien ein, um pur, ohne den Zwang des Sekundenzeigers, zu genießen, warte möglichst nicht passiv auf einer Kanzel auf Wild, sondern versuche aktiv, im fairen Wettkampf eine Trophäe, ein Siegeszeichen, zu erbeuten, nicht, um Rotwildmanagement zu betreiben.

Auch der älteste Hirsch macht Fehler. Deshalb setze ich mich mit meinem Gegenüber intensiv auseinander, erforsche seine Gewohnheiten und sein Umfeld. Instinkt gegen Intelligenz, das ist erfüllende Jagd auf den Edelhirsch. Dazu gehört eine gehörige Portion Geduld und Erfahrung und wenn ich schließlich mein Ziel erreicht habe, bin ich durch und durch glücklich, zufriedener als nach erfolgreicher Drückjagddublette auf Alttier und Kalb, bei der mich die guten Schüsse befriedigen.

Wir Jäger, und unser Rotwild gleichermaßen, müssen in einer Landschaft leben, die, von menschlichen Einflüssen geprägt, voller Störungen und Unruhe, ständig verändert wird. Selbst der Kulturfolger „Reh“ wagt sich bei Tageslicht kaum noch aus der Deckung. Das schafft Probleme bei der Bejagung, artet leider in „Schädlingsbekämpfung“ aus und bedeutet für konservative Jäger ein Umdenken sowie neue Herausforderungen.

Ich habe Sorge um den ehemaligen „König der Wälder“. Nach Meinung ökologisch geprägter Forstleute dürfen kleine Borkenkäfer Wälder vernichten, die „großen Rindenfresser“ aber nicht einmal einen Baum beschädigen, man spricht von „Regulieren“, „Strecke machen“ und „Dezimieren“.

Ich hoffe, dass trotz negativer Entwicklungen auch meine Kinder und Enkel noch die Faszination erleben, die von waidgerechter Jagd auf den Brunfthirsch ausgeht, dass auch sie noch Erfüllung und Befriedigung beim Waidwerk auf den „König des Waldes“ finden.

Als ich vor die Jagdhütte trete, antwortet ein anderer Hirsch. Andachtsvoll lausche ich schweigend dem urgewaltigen Konzert, das mit Anruf und Antwort durch den Wald orgelt. Harte, herrliche Tage, Erwartung und Erfüllung, Enttäuschung und Erfolg, Strapazen und Spannung, Träume und Tatsachen, die „Hohe Zeit“ im Jahreslauf des Jägers liegt vor mir.

Lüneburg, zur Hirschbrunft 2014 — Gert G. v. Harling

IN DEUTSCHLAND

Ach könnt' es Herbst im ganzen Jahre bleiben

Einstimmung auf die zehn heiligen Tage

Wenn für die meisten Wildarten in Deutschland die Jagdzeit begonnen hat, ist für mich auch die Zeit, dankbar durch die Fluren zu streifen, mich Erinnerungen und Eindrücken hinzugeben. Mich beschleicht in den frühen Septembertagen ein Gefühl wie beim scheidenden Tag, wenn ich nicht sicher bin, ob ich noch vom schwindenden Licht oder bereits von der Dämmerung eingehüllt werde, letztes Aufleben und Leuchten der Natur oder schon erstes Vergehen?

Das Getreide ist gemäht, geerntet, geborgen, die Hackfrüchte ruhen noch im Erdreich. Von zahlreichen Schlägen ist die Ernte eingebracht, Mais, Rüben und Sonnenblumen lassen sich noch etwas Zeit. Der Anblick der Felder hat sich im Laufe der Jahreszeiten rapide gewandelt. Im Gegensatz zu früher werden viele Äcker unmittelbar nach dem Einbringen des Getreides umgebrochen, nur wenige unbearbeitete Stoppelfelder wecken in mir Erinnerungen an Zeiten, in denen wir mit dem Vorstehhund Hühner suchten, Zeiten die unwiederbringlich vorüber sind.

Wogende Halmenmeere in denen früher Klatschmohn, Kornblumen und Co. geduldet wurden, über denen die Lerchen trillerten, in denen Wild sichere Deckung und abwechslungsreiche Äsung fand, sind in Stoppeläcker verwandelt worden, Spatzen und Goldammern halten auf den Stoppeln Nachlese. Unmengen an Körnern sind bei der Ernte mit den schweren Mähdreschern aus den Ähren auf den Boden gefallen, bieten den gefiederten Sängern noch kurze Zeit einen reich gedeckten Tisch, aber die Äsung für das Wild wird bald knapp werden.

Der Wind weht den würzigen, aromatischen Duft frischer Erde, trockenem Stroh und gemähtem Getreide herüber. Herbststimmung! Das Land neigt sich der großen Ruhe entgegen. Es ist nicht zu übersehen, dass es sich auf den Winter vorbereitet. Zahlreiche Pflanzen haben genügend Samen und Früchte für die eigene Vermehrung und die Ernährung vieler Tiere produziert, doch der Sommer ist müde geworden. Die Tage sind noch warm und sonnig, die Nächte aber werden länger.

In dieser Zeit erfährt man die ganze Fülle der Natur. Ich erfreue mich an ihr noch mehr als in anderen Monaten, aber mir wird auch die Vergänglichkeit der Schöpfung bewusster.

Für einige Augenblicke gab ich mich ganz diesen und ähnlichen Gedanken hin.

Mehrere Dompfaffen flogen vorüber. Ihre schwermütigen, traurigen Pfiffe passten zu der trüben Witterung, untermalten die melancholische, sentimentale Stimmung.

Ich überlegte noch, wem ich mich in diesem Stadium des Überganges zuwenden sollte, den Sauen, den Rehen oder den Enten, denn bis zur Brunft, bis die Hirsche schreien, werden gewiss noch einige Tage vergehen.

Bevor ich die offene Flur erreichte, schlenderte ich durch unseren Park, beobachtete einen Igel, der sich unter einem Apfelbaum zu schaffen machte. Schon bald begann auch für diesen stachligen Gesellen die Winterruhe.

Unwillkürlich dachte ich an meine Ölrechnung, wurde nachdenklich. Die Einrichtung der Natur, dass Tiere die ungemütliche Jahreszeit im warmen gepolsterten Nest verschlafen, hat Vorteile, grübelte ich. Man macht die Augen zu und wacht im Frühling wieder auf.

Ich hatte zwischenzeitlich mit dem Hund das freie Feld erreicht und pürschte zu dem kleinen Heidefluss Örtze. Morgens lag dichter Nebel über Wald und Wiesen, Moor und Heide, Feld und Flur und es dauerte nicht mehr lange, bis die Hirschbrunft beginnen würde, so wie es jedes Jahr sein wird und seit Menschengedenken war.

Geruhsam reinigte ich die vier Vogelnistkästen an den Erlen am Fluss. Alle waren von Kohlmeisen für die Aufzucht ihrer Jungen erfolgreich genutzt worden. Nun verharrten sie, um den Winter über allerlei Getier Unterschlupf zu bieten, und würden hoffentlich auch im kommenden Jahr von den Vögeln wieder angenommen.

Es war kühl geworden. Ich stellte mich unter eine dicke Erle, der Hund saß erwartungsvoll neben mir, war vorausgelaufen, hatte sich den Platz ausgewählt und wartete auf mich, als habe er die Stelle nicht vergessen, an der wir im vergangenen Herbst nach der Hirschbrunft so manches Mal erfolgreich auf Enten gepasst hatten.

Das silbrig-glänzende Wasser floss träge dahin, gurgelte und plätscherte gleichmäßig und leise vor sich hin. Die Eicheln an den alten Bäumen auf der anderen Seite des Flüsschens waren noch grün. Ab und an platschte eine der Früchte ins Wasser. Meine Hündin blickte gebannt dorthin, dann rollte sie sich zusammen und schlief.

Der Stand hatte sich seit vielen Jahren für den Strich bewährt, lebte von der Spannung und Erwartung, aber auch von dem beruhigenden Gefühl, dass man nach einem schlechten Schuss oder einer verpassten Gelegenheit oft eine weitere Chance bekommt.

Es blieb mir noch eine Viertelstunde zum Träumen, bevor die Breitschnäbel erscheinen würden, und ich erinnerte mich an ein Erlebnis, das ich mit einem Jagdgast während der Hirschbrunft hatte.

Nicht weit von meinem Stand versuchten wir einen Hirsch anzugehen, der im lichten Bruch brunftete. Ich vermutete, er würde sein Rudel in den Tageseinstand treiben und wollte ihm den Weg abschneiden. Auf dem breiten Grasstreifen, der den Einstand vom Bruch trennte, kamen wir zügig voran. Das Rudel müsste diesen Streifen queren, rechnete ich mir aus. Schon stand ein Tier am Rand des Bruches, eräugte uns und preschte sofort zurück, das Rudel hinterher. Mein Gefühl sagte mir, dass der Hirsch kaum die Störung bemerkt haben könnte, weil der Wind günstig stand, und ich ahmte sofort das Mahnen eines Tieres nach. Augenblicklich hörte ich, wie der Hirsch verhielt und dann auf uns zuzog. Kurz darauf erschien er dreißig, vierzig Gänge vor uns auf dem Grasstreifen und sicherte

zu uns herüber. Der Gast war so verblüfft, dass er einige Schrecksekunden benötigte, um sein Gewehr zu heben. Der Hirsch schreckte einmal und war wieder verschwunden.

Auf der Viehweide hinter mir hatten Sauen gebrochen, die grünen Grassoden zuunterst gekehrt, das schwarze Erdreich nach oben. Die Luft trug eine Brise Holzteerduft herüber. Wenn die Schwarzkittel die Suhle oder den Malbaum in der hinter mir liegenden Dickung annähmen oder auf die Weide zögen, würden sie von mir keinen Wind bekommen, überlegte ich zufrieden.

Da schreckte ein Reh, zweimal, nach wenigen Augenblicken noch einmal. Ob Sauen im Anmarsch waren?

Erwartungsvoll wanderten meine Blicke zum Waldrand und deshalb reagierte ich zu langsam, bemerkte erst, als der Hund zum Himmel schaute, zwei Enten, die in guter Schrotschussentfernung über den Fluss dahinstrichen. Zu spät riss ich die Flinte hoch, zu früh hatte das Dämmerlicht die Breitschnäbel schon wieder verschluckt.

Wenige Minuten später wurde der Blick der Hündin nach oben wieder starr, ihre Behänge hoben sich, sie zitterte am ganzen Körper.

„Klingeln" in der Luft verriet sich nähernde Enten. Diesmal war ich vorbereitet. Der Flintenschaft berührte kaum die Schulter, als ein schnell hingeworfener Doppelschuss den sausenden Flug eines der Vögel stoppte und aus dem Himmel herabstürzen ließ. Dumpf platschte er nach singendem Schwingenschlag auf die Wasseroberfläche, wurde schnell von der Strömung erfasst, trieb davon, aber schneller noch stürmte Gesa auf meinen Befehl „Apport!" voran, glitt ins Wasser, schwamm zur Flussmitte, griff die tote Ente, kam zurück, fand einen Ausstieg in der steilen Uferböschung und stand abwartend am Uferrand auf festem Boden. Noch einmal rief ich: „Apport!" Langsam kam mir die Hündin entgegen, umkreiste mich, setzte sich und übergab mir unsere Beute.

Die Stille des Abends war fast mit den Händen zu greifen, nur weit entfernt rief ein Waldkauz.

Dann meldete, sehr früh für diese Jahreszeit, weit entfernt doch schon der erste Rothirsch, ein anderer antwortete, ein Dritter stimmte ein und es herrschte wieder diese fast unwirklich feierliche, unter die Haut gehende Stimmung – die klare Luft, die würzigen Düfte, die atemberaubenden Laubfärbungen, das Orgeln der Hirsche – in der man den Herrgott am liebsten bitten würde: „Ach, könnt es Herbst im ganzen Jahre bleiben!"

Wie elektrisiert horchte ich auf das „Uaah! – Uaah!", dem ich ein Jahr lang entgegenfieberte, die Bestätigung, dass die zehn heiligen Tage des Septembers, die Zeit der Hochbrunft des Rotwildes, eingeläutet war. Erinnerungen an glückliche Jagdtage wurden wieder wach…

Mein Erster

Alter Hirsch – was tun?

Nachdem ich mit fünfzehn Jahren die Jägerprüfung bestanden hatte, bekam ich meinen ersten Rothirsch frei.

Damals waren die Hirsche in der Lüneburger Heide längst nicht so stark wie heute, Geweihgewichte über fünf Kilogramm waren eine Sensation. Als in unserem Revier in der Brunft ein Hirsch fiel, der aufgebrochen 136 Kilogramm wog, kamen Jäger von weither, um diesen „Koloss“ zu bewundern.

Ich erinnere mich an eine herbstliche Hasenjagd bei einem Nachbarn, wo auf die Frage, was denn frei sei, der Jagdherr antwortete: „Alles was der Jagdschein erlaubt.“

In dem Revier kam Rotwild, wenn überhaupt, nur alle Jubeljahre einmal als Wechselwild vor. Am Ende des letzten Treibens lag ein dünnstangiger, kaum vereckter ungerader Zehner auf der Strecke. Die Jägerschaft der Umgebung geriet ob des falschen Abschusses in Aufruhr, der Unglücksschütze wurde vor eine Kommission zitiert und musste eine empfindliche Strafe zahlen.

Viele Jahre später saß ich mit ihm zusammen und wir schwelgten in Erinnerungen an die gute alte Zeit. Da zeigte er mir das Geweih von damals, ein kümmerlicher sieben- bis achtjähriger Hirsch, der nach jetzigen Hegerichtlinien bereits als Zweijähriger hätte geschossen werden dürfen. Am Schädel prangte immer noch der große rote Punkt – so ändern sich die Zeiten.

Ich hatte einen 2c-Hirsch frei. Mein erster Hirsch durfte also maximal ein ungerader Achter sein. Im jugendlichen Übermut und übertriebenen Selbstvertrauen auf die eigenen jagdlichen Fähigkeiten stand für mich fest: Ein Gabler oder gar Spießer waren auf jeden Fall tabu.

Als ich in den besagten Herbstferien abends aus dem Park des elterlichen Hauses schlich und verhörte, herrschte im Moor reger Brunftbetrieb. Der Wind stand günstig, ich war überzeugt: Dort schieße ich morgen einen, meinen Achter.

Noch im Dunkeln saß ich auf dem Geheimrat, einer Kanzel am Moor. Fünfzig Gänge vor mir führte ein alter Rotwildwechsel durch den dichten Porst. Ich war sicher, auf ihm würde das Brunftrudel vom dreihundert Meter entfernten Wildacker zurück in den Tageseinstand wechseln.

Es war sehr windig. Auf dem Wildacker röhrte ab und an gelangweilt ein Hirsch, dann meldete eine eigenartige blechern klingende, quietschende Stimme, ein Sprengruf erschallte, anscheinend wurde ein Beihirsch vertrieben.

Kurz zog ich in Betracht, dem Brunftgeschehen näher zu pürschen, beschloss dann aber in einem Anflug von Überheblichkeit, den Platzhirsch neugierig zu machen und zum Zustehen zu bewegen, in der Hoffnung, ein Hirsch, der mir freigegebenen Klasse 2c würde folgen. Schon bei dem Gedanken wurde ich vom Hirschfieber gebeutelt.

Die Muschel an den Lippen holte ich tief Atem, doch, o Schreck, vor Aufregung brachte ich nur einen gräulich krächzenden Schrei heraus, der in einen Laut überging, den vielleicht eine kalbende Kuh, aber auf keinen Fall ein brunftiger Rothirsch von sich hätte geben können.

Erschrocken ließ ich die Muschel sinken. Zu meinem Erstaunen kam aber aus dem hohen Porst ein fauler missmutiger Trenzer als Antwort auf meine Misstöne.

Ich versuchte es noch einmal, imitierte drei Mal kurzen Sprengruf und prompt ertönte ein zorniger Schrei. Dann war Ruhe. Auch der Hirsch am Wildacker verschwieg. Ich rief noch einmal, aber alles um mich herum blieb still.

Der Wind hatte nachgelassen, rauschte nur noch leise in den Baumkronen und ließ Wolken von herbstlich welken Blättern herunterregnen.

Da erhaschte ich eine Bewegung. Über dem Wechsel erschien ein Geweih mit zwei dunklen Sechser- oder Achtertangen, es schwebte förmlich über die braunen Porststauden dahin und verschwand im Dunst, bevor ich das Fernglas hochnehmen und es ansprechen konnte.

Die kurze Zeitspanne, in der ich den Hirsch gesehen hatte, war er verdeckt, ich hätte nicht schießen können und für mich stand fest, dass ich abends wieder dort ansitzen würde.

Da schrie der Hirsch vom Wildacker, seine Stimme kam näher, das Rudel wechselte vertraut auf demselben Wechsel in meine Richtung. Ein sieben-, achtjähriger Zwölfer mit ungewöhnlich weiter Auslage zog mit sechs Stücken Kahlwild vorüber. Als sie verschwunden waren, erschienen ein schwacher Gabler und ein Spießer. Ich ließ sie in einem weiteren Anflug jugendlicher Überheblichkeit unbehelligt ziehen, war ich doch sicher, den Hirsch mit den dunklen Stangen zu strecken. „Aber mit des Geschickes Mächten…“ Ich sah an dem Morgen kein Rotwild mehr.

Am Abend pilgerte ich erneut zum „Geheimrat“. Es war noch taghell, da meldete weit hinter der Reviergrenze ein Hirsch. Ich erkannte ihn an seiner sonoren Stimme, es war

der Zwölfer vom Wildacker, aber ich sah an dem Abend keinen Wedel, keinen Pürzel, keinen Spiegel, keine Lunte, nicht einmal eine Blume.

Die Pechsträhne dauerte zwei weitere Tage, nur im „Süßen Winkel" meldete sporadisch ein Hirsch. Dort hatte ich zwei Jahre zuvor eine eindrucksvolle Begegnung, an die ich mich besonders gern erinnere:

Ich sollte einen Jagdgast auf einen guten Hirsch führen. Mehrere Ansitze waren bereits ohne nennenswerten Anblick vergangen, die Zeit drängte. Nach erfolgloser Frühpirsch beschlossen wir, in der Abteilung „16", dem besagten „Süßen Winkel", einen noch meldenden Hirsch anzugehen. Ich kannte die Abteilung in- und auswendig, wusste, wo wir im Schutz einer aufgeworfenen Grabenböschung entlangkriechen konnten und wo genau das Rudel wahrscheinlich stand: Auf einer größeren Blöße inmitten von acht- bis zehnjährigem dichtem Kiefernanflug.

Es war schon früher Vormittag, der Hirsch meldete aber noch fast ohne Pause. Vorsichtig arbeiteten wir uns in den dichten Bestand hinein. An einer Freifläche angelangt, schrie ich auf der Muschel dem Hirsch entgegen und der antwortete sofort. Ich schrie zurück und bearbeitete mit einem Stock die junge dichte Kiefer hinter der wir kauerten. Der Hirsch zog schreiend näher, wir vernahmen zehn, zwanzig Meter vor uns Stangenstreichen, dann leises Brechen. Lautlos gingen wir in die Knie, lagen bewegungslos auf den Waldboden gepresst und starrten durch die unteren Zweige des uns Deckung bietenden Kieferbusches. Spannende Augenblicke später machten wir knapp fünf Meter vor uns eine Bewegung aus – Rotwildläufe. Der Hirsch kam noch näher. Deutlich erkannte ich seine erregt verdrehten Lichter. Ein weiterer Schritt, ich hielt den Atem an, und über uns peitschten die Zweige wild hin und her, der Hirsch bearbeitete wütend die Kiefer, die uns Deckung bot. Dann äugte er erregt in die Runde, verharrte bewegungslos, wandte sich ab und verschwand langsam, lautlos wie ein Geist in die Richtung, aus der er gekommen war.

So nah mit einem Brunfthirsch zusammenzukommen, ist mir seitdem nie wieder gelungen.

Lange kämpfte ich mit mir, zum „Süßen Winkel" zu gehen, versuchte mein Heil dann aber erneut auf dem „Geheimrat" und hatte am nächsten Morgen den Ersehnten vor mir. Linke Stange Sechser oder Achter, rechts sprach ich nach längerem Spekulieren als eine Achterstange an, das Ende in der angedeuteten Gabelkrone war kaum auszumachen. Oder bildete ich es mir nur ein? Ich visierte den Hirsch an. Zweifellos war es kein Jüngling mehr. Beim Blick durch das Zielfernrohr war das kurze Ende verschwunden. Wieder nahm ich das Fernglas zu Hilfe und wieder war da ein kleines Ende zu sehen.

Das Spielchen „Gläschen wechsle dich" wiederholte sich noch zwei Mal mit demselben Ergebnis. Im starken Doppelglas erschien das Ende, durch die vierfache Zieloptik war es nicht sicher auszumachen.

Der erbitterte Brunftkampf zweier gleichstarker Hirsche auf Leben oder Tod war ein kleines Geplänkel im Vergleich zu dem Kampf, der in mir tobte.

„Sein oder nicht sein?", fragte angeblich Hamlet, grübelte ich. Schießen oder schonen? „Gerader oder ungerader Achter?" Sicherlich war er vier, wenn nicht fünf Jahre alt. Sollte ich das entscheidende Ende einfach übersehen, so tun, als hätte ich es nicht bemerkt?

Äugte mein Gegenüber zu mir, erschien eine winzige Gabel, wandte er sich ab, offenbarte die Stange ein Sechsergeweih.

Da schreckte der Hirsch in meine Überlegungen hinein, sprang ab und nahm mir die Entscheidung ab.

Vier weitere Ansitze verbrachte ich auf dem Geheimrat, Rotwild ließ sich weder blicken noch vernehmen, doch am Nachmittag meines letzten Ferientages rief der Zwölfer wieder ohne Pause im Moor. Er brunftete rund vierhundert Meter entfernt. Dem wütenden Orgelkonzert nach zu urteilen, hatte er Mühe, einige Beihirsche von seinem Rudel fernzuhalten. Es war mein letzter Urlaubstag, die letzte Chance einen von ihnen zu erlegen.

Als ich einen mittelalten, suchenden Hirsch markierte, kam zornige Antwort aus dem Moor. Vorsichtig schlich ich zwanzig, dreißig Meter bis hinter eine buschige Kiefer und schmetterte den Kampfruf hinaus. Sofort antwortete mein Gegenüber und dann prasselte es auf mich zu: Der Platzhirsch trieb, ob Tier oder Rivalen konnte ich nicht ausmachen, in meine Richtung. Ich verharrte geduckt hinter der Kiefer. Zweihundert Meter entfernt ästen mehrere Stücke Kahlwild unbeeindruckt von dem Brunftgeschehen langsam auf mich zu.

Stille. Der Wind wehte mir beißende Brunftwitterung entgegen, dann polterten zwei Wildkörper durch den lichten Bestand. Der Zwölfer brachte einen jungen Hirsch, einen geringen Gabler auf Trab. Noch einmal schrie ich aus Leibeskräften, der Zwölfer verhoffte, ich strich an meinem Zielstock an und schoss, als der Jüngling nur dreißig Gänge vor mir ebenfalls breit stand. Im Knall stürmte er einige Meter auf mich zu. Erschreckt, erregt, erstarrt vergaß ich zu repetieren, wollte davonrennen, doch meine Beine versagten ihren Dienst. Da brach er verendet zusammen.

Und dann stand ich lange vor Aufregung zitternd und mit pochendem Herzschlag neben meinem ersten erlegten Hirsch, einem Gabler mit brandigen Enden, über die unser verständnisvoller Wildmeister später großzügig hinwegsah.

Ich habe seitdem viele stärkere Hirsche erlegt, aber mein Erster, „nur“ ein junger Gabler, ist mein Bester.

Ein besonderer Sitz

Der Unbekannte von „Friedrichs Ruh"

In dem Rotwildrevier, in dem ich aufwuchs, stand am Ende der Bruchwiesen, dort wo die Weiden unseres Nachbarn Fritz Fromhage beginnen, eine aus stabilen Eichenbohlen gezimmerte, bequeme Sitzbank.

Ich erinnere mich gut an ihre uralt gewordene Vorgängerin, die an der gleichen Stelle stand, bis sie, morsch geworden, zusammenbrach. In die schwere Rückenlehne aus Eichenholz hatte der Erbauer der Bank, der Großvater des jetzigen Besitzers, der sie für seinen Sohn Fritz errichtet hatte, in altmodischer, schöner Schrift sorgfältig „Friedrichs Ruh" geschnitzt.

Der Zahn der Zeit hatte zwar unerbittlich an dem Bauwerk genagt, aber es hatte den Sohn lange überlebt. Dann hatte der Enkel des ursprünglichen Erbauers seinem Vater Fritz, für den der Sitz gebaut worden war, quasi zum zweiten Mal ein Denkmal und einen Ort zum Ausruhen und Besinnen geschaffen. Der nutzte ihn gerne und schaute abends nach Feierabend manches Mal auf der Weide nach dem Vieh, das schon lange, wie der gesamte Hof, an seinen Sohn weitervererbt worden war. Mitunter trafen wir uns dort, saßen dann gemeinsam auf „Friedrichs Ruh", rauchten, philosophierten über Hirsche, Jagd und Jäger, genossen die Ruhe und ich ließ die Jagdgöttin Diana eine gute Frau sein.

Ein befreundeter Schweißhundführer hatte im Mai, als er auf „Friedrichs Ruh" saß, ein ungewöhnliches Zusammentreffen. Es polterte plötzlich hinter ihm im Bestand, ein Rehkitz klagte und flüchtete kurz darauf über die freie Fläche. Ihm folgte dicht auf ein Alttier, das mit den Vorderläufen auf das Kitz einschlug und es in das dichte Dornengestrüpp am Waldrand zurücktrieb, wo der Jäger das weitere Geschehen nicht mehr mit den Augen verfolgen konnte. Das Klagen erstarb.

Als der Mann sich dem Beerengerank näherte, erschien das Tier, preschte auf ihn zu, verhoffte nach Schreien und Fuchteln mit den Armen zwei, drei Meter vor ihm und sprang dann hochflüchtig ab.

Eine Stunde später war der Mann mit seinem Hund erneut zur Stelle und fand das aus mehreren Wunden stark blutende Kitz verendet unter dem Beerengestrüpp.

Mit „Friedrichs Ruh" verbindet mich eine weitere ungewöhnliche Begegnung: Es war im März, als ich einen jungen Sechser mit lediglich einer Stange über die Wiesen ziehen sah. Beim Überfallen des angrenzenden Grabens verlor er sie und verhoffte auf der an-

deren Seite des kleinen Rinnsals unbeweglich, als überlegte er, was zu tun sei. Dann zog er zurück in den Graben und schien nach seinem verlorenen Kopfschmuck zu suchen. Das Schauspiel dauerte mehrer Minuten lang, dann torkelte der junge Hirsch, immer wieder das Haupt unkontrolliert schüttelnd und hohe Sprünge vollführend, davon.

Die Brunft klang bereits ab, als Fritz und ich vor einigen Jahren am späten Nachmittag wieder gemeinsam auf der Bank saßen. Es war ein irdisch-himmlischer Tag, die letzten Sonnenstrahlen vergoldeten den Herbst und vor uns zog ein Rudel Rotwild über die Weiden. Ein friedvolles Bild war es, als das Kahlwild vertraut in die angrenzende Dickung wechselte. Nachdem es lange verschwunden war, folgte ein junger Zwölfer, den ich bereits aus dem vergangenen Jahr kannte.

Als auch er eingewechselt war und Fritz und ich uns flüsternd über den herrlichen Anblick unterhielten, zog ein weiterer Hirsch hinter dem Rudel her in den Bestand. Ich erkannte, dass die linke Stange weder Aug-, Eis- noch Mittelsprosse hatte, ein alter Hirsch, der mir fremd war.

Hätte meine Büchse nicht unterladen am Stamm der dicken Fichte neben der Bank gelehnt, wäre es ein Leichtes gewesen, ihn zu erlegen, da er es aber sehr eilig zu seinem Tageseinstand hatte, machte ich gar nicht erst den Versuch, nach der Waffe zu greifen, sondern schaute, als er verschwunden war, dem Rauch meiner Zigarette nach, sah, dass der Wind seit dem Vortag nicht gedreht hatte und änderte meinen Plan, den bevorstehenden Abendansitz auf der Dreieckskanzel in der Horst zu verbringen.

Erwartungsvoll verabschiedete ich mich von Fritz, er marschierte in Feierabendstimmung gemächlich nach Hause, ich gespannt und aufmerksam zum Hochsitz an der Freifläche im Jagen 13 am Rande des Einstandes, in den der Hirsch gezogen war.

Noch war es hell, da tauchte im gegenüberliegenden Kiefernaltholz ein Hirsch auf, zog bis zur Mitte des mit allerlei Kraut zugewucherten Schlages und meldete kraftvoll in den klaren Abend. Ein junger, mir wohlbekannter Zehner war es. Mit tiefem Windfang zog er suchend auf der Fläche umher, fiel in Troll und verschwand. Zweimal hörte ich ihn noch melden, dann herrschte wieder Ruhe und der Abend schlich sich heran. Kein Äser tat sich auf – Schweigen im Walde.

Als es dämmerte, schob sich Kahlwild aus der Dickung rechts von mir. Meine Bedenken wegen des küselnden Windes zerstreute das Leittier, indem es vertraut bis auf die Mitte des Schlages zog, meine warme Spur kreuzte, aber nicht beachtete.

Erst als das Dämmerlicht des Abends dem Dunkel der Nacht weichen wollte, erschien ein Hirsch. Hinter dem Wirrwarr einiger hochragender Wurzeln vom Sturm gefällter Fichten konnte ich sein Geweih nicht mehr ansprechen, er stand zu weit, es war bereits

zu dämmerig und ich vermutete lediglich, dass es der junge Zwölfer war, den wir von der Bank aus gesehen hatten.

Das spärliche Licht des abnehmenden Mondes ließ mich das Wild noch einige Zeit beobachten, dann zog es gemächlich über die Fläche, kam noch einmal zurück und verschwand, als es dunkel war, zwischen den jungen Kiefern der Abteilung 14. Ohne größere Störungen zu verursachen, verließ ich meinen Sitz.

Auf dem Heimweg stolperte ich fast über ein Reh, das am Wegrand stand und absprang. Minutenlang begleitete mich sein lautes Schrecken durch die Kühle der Nacht, bis wieder Ruhe eintrat.

Am nächsten Tag, es war noch stockfinster, wankte ich übernächtigt wieder los und harrte erneut an dem Schlag am Jagen 13. Der Morgen war kühl und ungemütlich. Dichter Nebel lud Tropfen und Tröpfchen auf meinem Lodenmantel ab, der vor Nässe schimmerte, als wäre er mit einem silbernen Schleier überzogen. Der Abend mit meinem Bruder war lang und feucht gewesen, immer wieder nickte ich ein, der Jäger in mir notierte „lustlos“, börsentechnisch gesehen.

Es herrschte kaum Büchsenlicht, da wurde ich schlagartig hellwach. Mit abgehacktem, wütend klingendem „öh! – öh! – öh!“ trieb ganz in der Nähe ein Hirsch ein Tier oder einen Beihirsch. Begleitet von lautem Prasseln, Ästeknacken und Zweigebrechen, hörte, ahnte ich es nur, konnte in dem dichten Nebel nicht erkennen, was sich unter mir abspielte. Einmal dröhnte der Kampfruf eines Hirsches herüber, danach ärgerliches, gereiztes tiefes Brummen, dann war es wieder still um mich herum.

Nebelbänke taumelten und tanzten unter mir, trieben über die Fläche und tauchten sie in eine milchige Suppe, doch nachdem die Geräusche verstummten, wehte plötzlich eine Brise frischer Morgenwind und die große Fläche lag gut einsehbar im ersten Licht der langsam weichenden Dämmerung unter mir. Das Wild war verschwunden, lediglich hinter der Grenze, im Nachbarrevier, meldete faul ein Hirsch.

Obwohl es noch früh war, der Tag kaum begonnen hatte, ließ sich kein Wild mehr blicken, kein Hirsch mehr vernehmen. Die Witterungsbedingungen waren zwar günstig, die Brunft anscheinend aber vorüber, sinnierte ich. Trotzdem harrte ich auf meiner Leiter aus. Wie oft hatte ich erlebt, dass junge Hirsche in der Nachbrunft unerwartet bei bestem Licht, neugierig am Rande der Einstände entlangbummelten oder ältere, auf der Suche nach einem spätbrunftigen Stück, die Gefahr der vorgerückten Tageszeit missachteten.

Aber es tat sich absolut nichts mehr vor meinem Sitz und so baumte ich schließlich doch ab.

Es war bereits früher Vormittag, die Sonne hatte es trotz nächtlicher Kälte und dichten Nebels geschafft, durch den milchigen Dunst am Himmel letzte wärmende Strahlen zu schicken und daher verweilte ich noch einmal auf „Friedrichs Ruh".

Ich liebe diese Jahreszeit, in der die Natur den Atem anzuhalten scheint, wenn der Spätsommer langsam verklingt, der Frühherbst beginnen will. Eine „optimistische Todesahnung" nannte es Tucholsky.

Das Gras der Weiden schimmerte stellenweise noch satt grün, manche Bäume begannen ihr Blätterkleid zu verfärben, andere leuchteten bereits in den buntesten Farben des Herbstes.

Zartsilberne Spinnenweben hingen zwischen den Zweigen der jungen Kiefern, Tautropfen blinkten auf Blättern und Gräsern. Die Luft war frisch und herb. Es duftete nach Laub, nach Moos, nach Pilzen und frischer Erde.

Ein Buntspecht klopfte über mir an einem trockenen Kiefernast. Ich verdrehte mir den Hals, verrenkte mir fast das Genick, bis ich die rasend schnellen Bewegungen des kleinen Vogelkopfes entdeckte. Gleich darauf rutschte der „Zimmermann des Waldes" um den Baumstamm herum auf die anders Seite, wo ich ihn nicht mehr sehen konnte, und setze dort sein Klopfkonzert fort.

Eine halbe Stunde mochte ich in Gedanken versunken auf der Bank gesessen haben, als ich durch das Warnen eines Rotkehlchens jäh hellwach wurde. Mithilfe des Fernglases versuchte ich den Grund für die Unruhe zu finden. Bevor ich den aufgeregten Vogel ausgemacht hatte, entdeckte ich dreißig Gänge vor mir in einem Gewirr von Ranken, Blättern und Zweigen das obere Teil einer Geweihstange. Vier Kronenenden ragten aus dem dichten Gestrüpp regungslos hervor. Dann wurde eine zweite Stange sichtbar. Nur weil es so nah war, registrierte ich für Momente, dass sie weder Aug-, Eis- noch Mittelsprosse hatte, bevor alles wieder in den dichten, grünen Bewuchs eintauchte.

Ich hatte aber in der kurzen Zeit gesehen, der Hirsch stand mit dem Haupt nach rechts, war wahrscheinlich auf dem Weg zurück in den Tageseinstand am Jagen 13.

Behutsam entsicherte ich mein Gewehr und stellte mich vorsichtig auf die Sitzfläche von „Friedrichs Ruh", erkannte von meiner erhöhten Warte aus auf kurze Entfernung die Rückenlinie eines gewaltigen Wildkörpers und als er sich einen Schritt nach rechts bewegte, hob sich das Geweih des alten Hirsches aus dem dichten Gestrüpp.

Mit bloßem Auge konnte ich es problemlos ansprechen, bevor es wieder, bis auf die Geweihenden, ins Grüne abtauchte.

Behutsam glitt der Schaft der Büchse vor meine Schulter, das Absehen des Zielfernrohres ruhte dort, wo der Hirsch stand, aber er war durch allerlei Gesträuch verdeckt, ein tödlicher Schuss wäre Glücksache, der Versuch leichtsinnig und unverantwortlich gewesen.

Angestrengt behielt ich das Gewehr im Anschlag, doch bald begann ich zu zittern, das Fadenkreuz wanderte um das Ziel herum und ermüdet ließ ich die Waffe sinken. Ich hätte trotz der geringen Entfernung nicht sicher schießen können.

Sekunde um Sekunde, Minute um Minute tropften ins Meer der Ewigkeit, während ich den Hirsch nicht aus den Augen ließ. Bedächtig schielte ich nach rechts und links, um eine günstigere Schussposition zu finden. Da floss das bisschen Rot vor mir weiter nach rechts, Wedel und Keule wurden frei, verschwanden und nach weiteren pulsbeschleunigenden Augenblicken erkannte ich den Träger und dann den ganzen Vorschlag des Hirsches, ohne dass er von Blättern, Zweigen oder Ranken verdeckt war.

Es waren höchstens dreißig Gänge, die mich von ihm trennten. Viel weiter hätte es auch nicht sein dürfen, denn die verspannte Muskulatur hätte mir sonst einen Strich durch meine Rechnung gemacht. So aber ging die Büchse langsam wieder hoch, mein Zeigefinger berührte, als der Zielstachel hinter dem Blatt stand, den Abzug und im Knall riss es den Hirsch vorne zusammen.

Im Repetieren aber kam der Beschossene wieder auf die Läufe und bevor ich einen zweiten Schuss loswurde, stürmte er davon.

Er hatte nicht ganz breit gestanden, günstig für einen von mir bevorzugten „Schrägschuss“: Längere Laufbahn des Geschosses durch Kammer, Leber, Lunge und Herz. Ist die Reviergrenze nur knappe 400 Meter entfernt, sollte man auch die Grenzen der Anatomie bedenken.

Ich war gut abgekommen. Bei Abgabe des Schusses war ich ziemlich ruhig gewesen und hatte nicht gezittert.

Erschrocken ließ ich die Büchse sinken, lauschte in das Echo des Knalles, das immer noch durch das weite Wiesental hallte und hörte dann erlöst den tödlich Getroffenen zusammenbrechen.

Erleichtert stieg ich von der Bank und ging nach wenigen Warteminuten zum Anschuss. Nach weiteren sechzig oder siebzig Metern stand ich vor dem Gestreckten.

Das Rotkehlchen geisterte ruhelos vor mir durch das Gezweig. Sein nervöses Ticken begleitete mich, bis ich den ungeraden Zwölfer aufgebrochen und die beiden winzigen, fast schwarzen Grandeln ausgelöst hatte.

Hautnah

Kleider machen Beute

Ich war der erste, der aus der Kirche geeilt war. Noch vor dem Pastor, der nach der Predigt seine Schäfchen per Handschlag vor dem Portal des Gotteshauses verabschiedete und ihnen einen gesegneten Sonntag wünschte, stürmte ich fort, ohne ihm, so, wie es sich für einen braven Kirchenvorstand gehört, für seine verständnisvolle Predigt zum Erntedankfest zu danken.

Als ich Lüneburg verließ, war, obwohl der September bereits fast vorüber, von Herbstfärbung kaum etwas zu ahnen, lediglich die Blätter der Kastanien begannen braun zu werden, aber je weiter ich gen Osten brauste, desto herbstlicher wurde es.

Die Früchte der Ebereschen hingen dunkelrot und gewichtig von den Bäumen. Ebenso schwer beugten sich von den Holunderbüschen schwarze Dolden dicht übersät mit Beeren unter der Last der Feuchtigkeit herab und an jeder der dunklen Kugeln glitzerte ein silberner Tropfen. Auf den abgeernteten Feldern sammelten sich große Flüge von Kiebitzen und Staren.

Sechs Stunden dauerte die Fahrt bis in den äußersten Winkel im Osten Deutschlands, sechs Stunden Unruhe und Erwartung, sechs Stunden Vorfreude, Spannung und Erinnern an vorhergegangene Einladungen zur Hirschbrunft!

Der Himmel war durch eine dicke graue Dunstschicht von der Erde getrennt und bezog sich mehr und mehr, je länger der Wagen meinem Ziel entgegenrollte. Mitunter musste ich den Scheibenwischer einschalten. Nieselregen, gemischt mit Dunst und Nebel, lag in der Luft.

Für den Abendansitz kam ich zu spät und die Gespräche am Kamin waren wenig ermunternd: Die Brunft ist fast vorüber, eröffnete man mir. Das Rotwild tritt kaum noch auf die Freiflächen aus, steht im hohen Holz, wo Eicheln und Bucheckern in solchen Massen herunterprasseln, dass der Boden, wie seit vielen Jahren nicht mehr, mit einem dichten, dicken Teppich der Früchte des Waldes bedeckt ist.

Zwei Gäste waren bereits enttäuscht wieder abgereist. Sie hatten in einer knappen Woche keinen einzigen Hirsch, sondern nur Kahlwild gesehen.

„Wenn du einen einigermaßen passigen Hirsch siehst, solltest du nicht lange zögern, kannst gerne auch Kahlwild oder Sauen schießen, Muffel- und Damwild ist ebenfalls frei“, richtete mich der Jagdherr wieder auf, als mein Gesicht lang und länger wurde. Im Nu stieg meine Stimmung an.

Bei noch völliger Dunkelheit saß ich am nächsten Morgen zufrieden auf der hohen Kanzel an der Wolfswiese und erwartete ehrfürchtig schweigend in die Stille lauschend, den Aufgang der Sonne. Meine Hündin Gesa hatte sich zusammengerollt und schlief.

Kraftspendende, erwartungsvolle Stunden lagen vor uns, Zeit zum Entspannen, Schauen, Philosophieren, aber kein Schrei, kein Brunftgetümmel war zu hören.

Die Luft war schwer, der Wald schien vor Nässe zu triefen. Uns umgab tiefe Stille und doch war sie voller Leben, voller Melodie.

Von Minute zu Minute wurde es heller, alles um uns herum begann im rosaroten Hauch des beginnenden Morgens, die Sterne waren längst verblasst, zu glänzen.

Der Wind spielte in den Zweigen der hohen Bäume am Waldrand und wisperte leise, nur vom Prasseln der Eicheln, die auf den feuchten Waldboden klatschten, unterbrochen.

Die Wolken wanderten tief und regenschwer am Himmel nach Osten, „brunftfeindliches“ Wetter. Es war bereits nach sieben Uhr, als das Büchsenlicht endlich den Kampf mit der Morgendämmerung gewann.

Da brummte es gedämpft und lang gedehnt. Der Stimme nach zu urteilen, hatte sich ein älterer Hirsch bei seinem Brunftrudel niedergetan. Als sich ein suchender junger Beihirsch zaghaft meldete, seine Stimme klang blechern, fast blökend, hörte ich wieder das Brummen, aber es klang um Nuancen unwilliger, und dann erschütterte ein wilder, uriger Schrei den Wald, klangstark, mit ungezügelter Leidenschaft. Als hätte eben ein Blitz eingeschlagen, hielt der Wald den Atem an, kein Laut war mehr zu vernehmen, bedrückende Stille herrschte wieder um uns herum.

Gegen neun Uhr brachen Gesa und ich den Ansitz ab. Es wäre sinnlos gewesen, noch länger auf Wild zu warten, das war längst in seinen Tageseinständen verschwunden.

Auf dem bemoosten Boden zu pirschen, war fast ein Kinderspiel im Vergleich zu dem Kiefernbestand, den wir vorher durchquert hatten und in dem es trotz größter Vorsicht ziemlich unmöglich war, sich lautlos vorwärts zu bewegen. Vielleicht bummelte noch ein junger Hirsch im Hochwald umher, wo es Äsung in Hülle und Fülle gab, überlegte ich.

Die Hündin war genauso missmutig wie ich. Ohne auf links und rechts zu achten oder wie sonst interessiert die Nase tief am Boden, alle möglichen Duftmarken zu verweisen, trottete sie frei bei Fuß neben mir her.

Plötzlich verhielt sie regungslos und starrte zum welkenden Farnkraut, nur die Rute bewegte sich langsam hin und her.

Ich sah ebenfalls gebannt gegen die gelb-rot-braune Wand und nach wenigen Augenblicken fesselte auch mich zwanzig Gänge vor uns eine Bewegung in dem Gewirr der absterbenden, zum Teil schon am Boden liegenden Halme.

„Sauen!“, zuckte es mir durch den Sinn. Ich machte drei, vier Schritte bis zu einer Kiefer am Wegesrand, nahm das Gewehr von der Schulter und ging in Voranschlag.

Da erschien zehn Gänge vor uns ein Muffelschaf, es folgte ein Lamm. Meine Knie bewegten sich kurze Zeit selbständig, schienen weich, wie aus Gummi zu sein. Ich zitterte vor Aufregung, als würden 20 Grad Minus herrschen.

Rückstoß und Knall gingen in meiner Erregung völlig unter. Das Lamm riss die Wucht der Kugel blitzschnell von den Schalen. Kurzes Schlegeln und dort, wo es lag, dampfte letzter Atemhauch aus dem Farn gen Himmel.

Und dann führte mich Gesa zu ihm und wir waren gleichermaßen glücklich über spannende Minuten und unsere Beute.

Der Aufbruch wanderte anschließend im hohen Bogen ins Farnkraut. Die Sauen würden ihn gewiss bald als willkommenen Eiweißspender neben den Eicheln und Bucheckern schätzen.

Die vier Läufe zusammengeschnürt, wuchtete ich mir das schwache Lamm auf die Schulter, stolperte die wenigen hundert Schritte zum Auto und das Leben im Wald nahm seinen gewohnten Lauf, als sei nichts Außergewöhnliches geschehen: Drosseln zeterten, ein Rotkehlchen tickte und hoch unter den Wolken kreisten zwei Bussarde.

Am Abend saß ich wieder auf dem Hochsitz an der Wolfswiese.

Als leichte Dunstfäden über die große Fläche unter mir wanderten und waberten, trat weit entfernt Rotwild aus und zog gemächlich auf meinen Sitz zu.

Lediglich an der Stärke der Wildkörper hatte ich ausmachen können, dass zwei Hirsche mit sieben oder acht Stücken Kahlwild eilig zur anderen Seite der Wiese gewechselt waren und dort platschend einen breiten Abflussgraben querten. Sie verschwanden unter den alten Eichen im Bestand hinter meiner Leiter.

Der Silbergesang des Rotkehlchens war verstummt. Klangtote Stille herrschte. Die Sonnenfarben waren längst verblasst. Außer einem rötlichen Streifen am westlichen Himmel war bereits alles dunkel. Ich verharrte trotzdem auf der Kanzel, bis die ersten Sterne am Himmel blinkten, Büsche die Form eines Stück Wildes annahmen, ein Waldkauz über dem Nebel der Wiesen dahingeisterte, auf der Kanzelbrüstung blockte und wieder im Dunkel verschwand. Aber kein Hirsch röhrte.

Es hatte sich wieder bestätigt, dass es nicht lohnte, an den Freiflächen anzusitzen. Daher pirschten Gesa und ich am nächsten Morgen in das große Sumpfgebiet, in dem das Rotwild am Abend vorher verschwunden war.

Am Stamm einer verkrüppelten Erle glaubte ich, notdürftig gedeckt durch dicht stehende Brennnesselstauden, einen geeigneten Ansitzplatz gefunden zu haben. Neben Handschuhen und Mückenschleier als Gesichtsschutz trug ich auf Anraten des Freundes dessen Camouflage Jacke, für mich ungewohnte Tarnkleidung.

Zwar saßen Gesa und ich außerdem im Schutz einer dunklen, diesigen Tarnkappe, waren gewiss nur schwer vom Wild auszumachen, Hund und Herr verschmolzen fast mit ihrer Umgebung, aber auch ich konnte Wild erst wahrnehmen, wenn es sich auf kurze Distanz genähert hatte. Ebenso schnell wäre es auch wieder aus meinem Gesichtsfeld verschwunden.

Aber endlich wieder draußen, so mag auch meine Hündin gedacht haben, um die Natur zu genießen mit ihren kleinen und großen Wundern, um der Kräfte zehrenden

Zivilisation den Rücken zu kehren und sich vom festlichen Brunftkonzert der Hirsche verzaubern zu lassen.

Um uns herum, neben und unter uns herrschte rege Lebendigkeit. Ich bekam es hautnah zu spüren. Es krabbelte und kribbelte, bald schlich sich etwas in meinem Hosenbein hinauf, bald juckte es im Genick. Im Waldboden pulsiert das Leben: In einem Löffel Walderde leben mehr Organismen, als es Menschen auf der Welt gibt, sinnierte ich. Gleichzeitig war ich froh, durch meinen Tarnschleier „unbestechlich" zu sein.

Immer wieder plumpsten Eicheln ins Laub. Das dumpfe Aufklatschen war bis auf das kurze Warnen eines Kleibers und das eines Zaunkönigs, als es heller wurde, das einzige Geräusch um uns herum.

Langsam, sehr, sehr langsam wurde es heller, im Osten stieg die Sonne empor, ihre Strahlen tasteten sich bald hinter jedes Geheimnis auf dem Waldboden und fanden nach längerem Suchen auch mich, der sich fröstelnd an den Stamm der Erle drückte.

Sehnsuchtsvoll, fast melancholisch, klang ganz nah, kaum hundert Meter entfernt, der erste Schrei an diesem Morgen durch den Wald. Ein vermutlich jüngerer Hirsch war es, der da näher kam und dann fünfzig Gänge entfernt hinter dichtem Erlengestrüpp verhoffte. Über dem Gewirr aus grünen Blättern erahnte ich ein dunkles Geweih, mehr konnte ich nicht ansprechen, es war noch zu dämmerig, Bewuchs und Schatten waren seine Verbündeten, dann verschwamm er wieder mit der Dunkelheit, war einfach fort …

Langsam tastend nahm ich das Ochsenhorn zur Hand, um ihn zu reizen und zum Zustehen zu bringen, doch bevor ich noch das Horn an die Lippen geführt hatte, mahnte ein Tier, ich hörte, wie er im flotten Troll zurückwechselte.

Da brach es rechts von uns. Mein Hund setzte sich auf und aus der Anonymität des Waldschattens zauberte das lichtstarke Fernglas einen dunklen Klumpen, der sich als ein Stück Rotwild entpuppte.

Schemenhaft kam ein Hirsch bis auf zehn Meter auf uns zu, zog vorüber, verschwand und als es etwas heller war, hob ich die rechte Hand, drückte meine Nase zu, stieß bei offenem Mund die Luft in die Nase: „Äng, äng!" Und noch einmal erklang das kurze nasale Mahnen eines Tieres.

Die Zeit schien still zu stehen. Die Dämmerung wollte dem anbrechenden Tag nicht weichen. Da blickte meine Hündin erwartungsvoll zu mir hoch und dann wieder zu dem dichten Bestand. Auch ich vernahm leises Brechen und machte mich erdverbunden klein. Ein Stück Wild zog heran. Ich meinte seine Anwesenheit zu fühlen, seine

Nähe zu spüren. Nur wenige Meter trennten uns, ich wagte kaum zu atmen, zumal ich keinerlei Deckung hatte.

Fast zum Greifen nah erschienen dicke, fast schwarze Stangen mit blitzenden Enden und dann das Haupt eines ungeraden Achters über den Brennnesseln. Ich glaubte seinen Atem zu spüren, so nah stand er, äugte in unsere Richtung, nahm uns aber nicht wahr. Der Anblick des Geweihs machte mich, um mit Richard Wagner zu sprechen, vor Staunen stumm. Ich erstarrte wie Lots Weib, mein Herz schlug schneller, aber nach wenigen Atemzügen zog der Hirsch weiter. Ich saß noch wie versteinert, in einer immer unbequemer werdenden Haltung, bis ich endlich begriffen hatte, dass da ein älterer Hirsch knapp zehn Meter vor uns gestanden und uns nicht bemerkt hatte.

Ein Fuchs schnürte auf knapp 30 Gänge vorbei, ohne Notiz von uns zu nehmen, wenige Minuten später folgte eine Ricke mit ihren beiden Kitzen, warf sichernd auf und zog vertraut von dannen. In meiner Tarnjacke kam ich mir vor wie Siegfried, der König Gunter im sportlichen Zweikampf gegen Brunhilde mit einer Tarnkappe unterstützte.

Als ich behutsam nach dem Ochsenhorn tastete, kam ein lauter, herausfordernder Schrei aus den Brennnesseln, die den Achter wieder in ihren Schutz aufgenommen hatten. Ich vermeinte aus dem Ruf den wütenden Trotz eines suchenden Hirsches zu vernehmen.

„Öh! öh!", hauchte ich leise in mein Horn, ließ es auf den Boden gleiten und griff zur Büchse. Ärgerliches, fast gelangweilt klingendes Brummen kam aus der Richtung zurück, in der der alte Achter fortgezogen war.

Dann hörte ich, dass er im Bogen um uns herumwechselte. Mit jedem Rascheln im Laub, mit jedem brechenden Ast und jedem lauter werdenden Tritt stieg die Spannung in mir und übertrug sich auch auf meine Hündin. Ich glaubte stoßweises, schweres Atmen zu vernehmen und wie aus dem Erdboden gezaubert wuchsen auf zwanzig Schritte zwei kronenlose dunkle, starke Geweihstangen herauf, waren aber sofort wieder vom Pflanzengewirr verdeckt.

Sollte der Hirsch die Richtung beibehalten, müsste er eine nur wenige Meter breite freie Fläche queren. Auf die konzentrierte ich mich voll, die Gewehrmündung zeigte nach dort.

Über den Brennnesseln erkannte ich zwischen einzelnen Erlenstämmen die Rückenlinie des Wildkörpers und dann die Geweihenden. Abrupt verhoffte der Hirsch, sicherte zu uns herüber, stand wie aus Urgestein gehauen und äugte, ein vieläugiger Argus, nach allen Seiten, aber ich war offenbar mit der Tarnjacke perfekt an meine Umgebung angepasst, in jeder Beziehung Eins mit der Natur und für Wild nicht auszumachen.

Ein grässlicher, pulverriechender Knall störte die Stille. In lauter Flucht preschte der alte Achter davon, dass es prasselte, krachte und platschte. Im Nu verschlang ihn der Wald und die Dämmerung. Ein letztes Knacken in der angrenzenden Dickung und alles war wieder wie vorher, still und friedlich.

Lange hielt ich es nicht mehr unter der Erle aus, um dem dichten Busch seine Geheimnisse zu lassen. Ungewissheit und Unruhe trieben mich zum Anschuss. Die Kugel konnte nur im Leben oder in einem Erlenstamm stecken. Gefehlt oder gestreckt, das war hier die Frage.

Trotz des noch schlechten Lichtes fand ich auf Anhieb Lungenschweiß und Gesa zog mich am kurzen Riemen in die Dickung zum Verendeten. Er hatte sich unter die tiefen dichten Zweige einer alten Fichte geschoben, ich merkte erst am freudigen Verhalten der Hündin, an ihrer wild hin- und herschlagenden Rute, dass wir am Ziel unserer kurzen Suche waren.

Das Licht flutete nun von Osten her über die Baumkronen und sickerte in die Tiefe des Waldes, wo noch grau die Nacht hockte.

Geruhsam brach ich den Hirsch auf, Gesa beobachtete mich aufmerksam, und setzte mich dann auf einen umgefallenen Baumstamm, um zu verschnaufen. Die Hündin ruhte entspannt neben mir. Über unsere Umgebung breitete sich ein rosaroter Hauch des anbrechenden Morgens und wir erwarteten den Beginn des neuen Tages.

Angekündigt durch das Warnen einer Mönchsgrasmücke erschien wieder ein Fuchs. Obwohl wir ohne jegliche Deckung waren, nahm er keine Notiz von uns und schnürte nur zehn Meter neben uns vorüber. Tarnkleidung hat auch Vorteile, dachte ich, als er fort war.

Schließlich brachen sich spiegelnd die ersten Sonnenstrahlen in unzähligen Tropfen an bebenden Gräsern und blitzenden, glitzernden Zweigen. Netze der Herbstspinnen, auch sie „hochzeiten“ ja wie das Rotwild im September, spannten sich wie ein schillerndes Diadem zwischen zwei Halmen. Alles um uns herum wirkte wie in ein grandioses filigranes Kunstwerk verzaubert. Kein Gebilde von Menschenhand, sondern nur die Natur kann solche Kompositionen schaffen.

Über eine Stunde lang saßen wir neben dem alten Achter, bevor sich Hund und Herr zufrieden, glücklich und voller Dank auf den Heimweg machten.

Echo der Erinnerung

Das Einhorn

Die Erlegungsgeschichte des „Einhorns" war im Gegensatz zu seinem abnormen Geweih nicht sehr spektakulär.

Es war am 23. September, Tag- und Nachtgleiche. Die Sonne steht genau über dem Äquator, geht an diesem Tag im Osten auf und exakt im Westen unter, astronomisch gesehen, Herbstbeginn.

Nach einer langen Safari zog es mich am Abend meiner Ankunft sofort hinaus ins Revier und ich saß auf dem sogenannten Dreieckshochsitz. Ob dieser Sitz früher dreieckig gewesen war oder ob er seinen Namen bekommen hat, weil man von hier drei Gestelle gleichzeitig einsehen kann, weiß ich nicht. Auf jeden Fall war mir die Ecke des Reviers von je her eine der liebsten gewesen. Das hohe Kiefernaltholz, das man früher ebenfalls einsehen konnte, an dessen in der Abendsonne rotbraun aufleuchtenden Stämmen ich mich so oft erfreut hatte, stand nicht mehr. Es war einem heftigen Sturm zum Opfer gefallen. Nun lag eine noch nicht wieder aufgeforstete Fläche, auf der sich allerlei Weiden und Erlen ausgesamt hatten, zu meiner linken Seite.

Vom Dreieckssitz aus nahm vor vielen Jahren während der Brunft eine denkwürdige Nachsuche ihren Lauf.

In Begleitung unseres Wildmeisters beschoss ein Gast im letzten Büchsenlicht einen guten Rothirsch, der, ohne sichtbar zu zeichnen, in der angrenzenden Dickung verschwand. Da es mittlerweile fast finster war, wurde für den nächsten Morgen um neun Uhr eine Kontrollsuche vereinbart. Große Hoffnung auf Erfolg hatte wohl keiner der Beteiligten, als wir am Anschuss keinerlei Pürschzeichen fanden, sondern lediglich die starken Eingriffe des geflüchteten Hirsches. Hexe, die rabiate Jagdterrierhündin, war wenige Meter von uns abgelegt und beobachtete uns erwartungsvoll. Sie hatte schon manche Nachsuche gemeistert und schien genau zu wissen, warum wir auf dem Boden herumkrochen, vorsichtig Blätter umdrehten und behutsam Halme aufnahmen und untersuchten.

Während der Wildmeister mit einem weißen Taschentuch weiträumig über die Anschussstelle wischte, den Waldboden wie Sherlock Holmes mit einer überdimensional großen Lupe begutachtete, verwies Hexe, als ich einige Meter in die lichte Dickung gekrochen war, am langen Riemen nach nunmehr über zwölf Stunden den Splitter eines Röhrenknochens und ich schnallte sie.

Die Hündin hatte eine gute Nase, einen lockeren Hals, war enorm schnell und wildscharf. Sie verschwand, wir saßen auf dem nassen Erdboden und warteten.

Bald erklang Hetzlaut, wurde mit zunehmender Entfernung schwächer und verlor sich schließlich in weiter Ferne. Nach einer Stunde vernahmen wir noch einmal ganz schwach den Laut des Hundes aus einer anderen Richtung.

Gegen Mittag sahen wir die Aussichtslosigkeit des Wartens ein und gingen nach Hause. Das Zurücklassen eines Kleidungsstückes war nicht nötig, Hexe würde den Weg zum Gut problemlos finden.

So war es auch. Nachmittags erschien sie, begrüßte uns freudig und legte sich sofort schlafen. Das war völlig gegen die sonstige Art der passionierten Terrierhündin. Bestand die kleinste Chance, jagdlich etwas zu verpassen, war sie stets „auf dem Sprung". Hexe hatte ungewöhnliche körperliche Strapazen hinter sich.

Am gleichen Abend meinte unser Wildmeister, die Stimme des am Morgen beschossenen Hirsches wieder am Dreieckssitz zu hören. Da der Wind ungünstig stand, ein Anpürschen des Brunftrudels kaum möglich war, beschloss Mackerodt mit dem Gast, obwohl der Wind auch für den folgenden Abend schlecht war, sein Glück dort noch einmal zu versuchen. Schon am späten Nachmittag saßen die beiden auf dem Sitz, es erschien Kahlwild mit einigen Beihirschen und plötzlich stand der alte Hirsch auf der Blöße. Er brachte einen Spießer auf Trab und man merkte beim langsamen Ziehen, dass er eine Verletzung am rechten Vorderlauf hatte. Im Troll bewegte sich der am Vortag Beschossene, als sei er gesund.

Wiederum wurde er vom selben Hochsitz und vom selben Gast beschossen, diesmal gefehlt. Wir fanden beim Kontrollieren des Anschusses die Kugel im Sandboden.

Am nächsten Morgen hörten wir den Hirsch erneut auf dem Kahlschlag am Dreieckshochsitz brunften. Da der Wind wieder nicht passte, zogen der Wildmeister und der Gast erst am folgenden Abend dorthin. Nun endlich – nach dem dritten Versuch fiel der Hirsch. Trotz eines Blattschusses fand Hexe ihn erst am nächsten Morgen, über hundert Meter vom Anschuss entfernt, im hohen Farnkraut.

Aus der fernen Vergangenheit sprangen meine Gedanken zurück in die Gegenwart.

Eine Grasmücke, ein Schwarzplättchen, wie die Mönchsgrasmücken wegen ihrer schwarzen Kopfoberseite bei uns genannt werden, warnte. Früher landete mancher „Mönch" wegen seines wunderschönen harmonischen Gesanges im Vogelbauer – die Nachtigall des kleinen Mannes – wenn er sich ärgert, wird er zwar auch laut, aber der Warnruf klingt wie das Zusammenschlagen zweier Kieselsteine.

Auf der Schneise rechts von mir äste vertraut eine Ricke. Als ich es mir auf dem Sitz bequem gemacht hatte, sprang das dunkler gefärbte Kitz in übermütigen Sätzen zur Mutter, von der es beim Versuch zu saugen mehr verspielt als ernst abgeschlagen wurde.

Ein Anblick des Friedens – und ich fuhr erschreckt zusammen, als vor mir Zweige brachen. Ein Alttier, von seinem starken Hirschkalb gefolgt, sicherte auf weniger als siebzig Gänge aufmerksam zu mir her. Stocksteif saß ich, wagte nicht, mein Glas hochzunehmen, bis beide Stücke, immer wieder misstrauisch verhoffend, fortzogen.

In der Ferne meldete ein Hirsch, dann ein zweiter. Leider schien auch er, der höchstens vierhundert Meter entfernt von mir mehrmals faul knörte, tabu zu sein, denn dort, wo er stand, war bereits die Grenze zum Nachbarrevier.

Nebel stieg auf. Die Ricke war mit ihrem Kitz in das schützende Altholz gezogen, Kälte nagte an meinem durch die Tropenwärme verwöhnten Körper.

Mit klammen Fingern stieg ich von meinem Sitz und ging in der Dunkelheit nach Hause. Als ich die im dichten Nebel dahinfließende Örtze, die das Revier teilt, überquerte, schienen die lauthals quakenden Enten das Brunftkonzert der schreienden Hirsche an Lautstärke übertreffen zu wollen.

Der nächste Morgen fand mich am Jagen 29 auf dem sogenannten Gailhochsitz. Von hier aus schoss ich vor vielen Jahren – als Zwölfjähriger – meinen ersten Rehbock, einen schwachen Knopfspießer, den ich mir selbst hatte bestätigen müssen, was mehrere Wochen gedauert hatte. Dann stand der Kümmerer entweder für einen aufgeregten Jungjäger zu weit, verdeckt oder nicht breit. Zahlreiche Ansitze vergingen, bis ich ihn endlich streckte. 22 Ausgänge hatte ich ihm gewidmet und erfolglos nachgestellt, bis er schließlich auf der roten Decke lag. Nach dem Erlegen war ich so aufgeregt, dass ich mir beim Aufbrechen in die Hand schnitt.

Ganz diesen Erinnerungen nachhängend, bemerkte ich ein Stück Rotwild, das, obwohl es noch dämmerig war, zügig vor mir über die Schneise zog. Ein einzelnes Stück, wahrscheinlich ein junger Hirsch, mehr konnte ich nicht ansprechen, bevor die zwanzigjährige Fichtendickung ihn wieder in ihren Schutz aufnahm.

Mein Bruder hatte am Jagen 29 einen Rotspießer mit nur einer Stange gesehen. Wir beschlossen, abends noch einmal unser Waidmannsheil dort zu versuchen. Caesar, der Weimaraner, begleitete uns. Zwischenzeitlich hatte aber der Wind von Südwest auf Ost gedreht und es blieb uns nichts weiter übrig, als eine Kanzel am benachbarten Jagen zu wählen.

Während ich voranstieg, mein Bruder am Fuß der Leiter wartete, brach es vor uns in den Erlen und schon stand auf 80 bis 90 Gänge ein Stück Rotwild auf der fast zugewachsenen Blöße.

Ohne Glas erkannte ich den Hirsch mit einem langen Spieß, doch die Zeit reichte nicht, das Gewehr hochzunehmen. Offenbar auf der Flucht vor dem Platzhirsch, war er sogleich wieder in einem Erlenhorst verschwunden. Aufgeregt gab ich meinem Bruder Zeichen.

Wir bewegten uns nur noch im Zeitlupentempo und saßen gespannt nebeneinander, den kleinen Erlenhorst nicht aus den Augen lassend.

Wütend schrie ein älterer Hirsch. Mein Bruder riet im Flüsterton, ihn, wahrscheinlich einen zehn- bis elfjährigen ungeraden Zwölfer, abzuwarten, aber mich reizte der Einstangige.

Gebannt hingen unsere Blicke an dem Erlenhorst, in dem der junge Hirsch verschwunden war. Mein Gewehr ruhte auf der Hochsitzbrüstung, ich war bereit, sofort in Anschlag zu gehen. Da schob sich ein Wildkörper aus dem Gebüsch. Im Zielfernrohr erkannte ich ein Schmaltier.

Mein Bruder, das Fernglas vor den Augen, winkte ab. Da folgte ein zweites Stück. Sogleich erkannten wir den Spießer und mich begann das Jagdfieber zu schütteln. Der Zielstachel beschrieb große Kreise um das Blatt des Hirsches. An Schießen war kaum zu denken, zumal er verdeckt durch vertrocknetes, abgestorbenes Gestrüpp dem Schmaltier folgte. Ich zwang mich zur Ruhe und ließ ihn nicht aus dem Visier.

Dann verhoffte er frei, wie um mir einen Gefallen tun zu wollen, für einen Augenblick, das Blatt zeigend. Ich war erstaunlich ruhig. Schon fiel der Schuss in die abendliche Stille und nahm die Spannung von uns. Erleichtert atmeten wir tief durch. Der Hirsch war zusammengebrochen. Während ich im Zielfernrohr noch kurzes Schlegeln beobachtete, hatte ich sofort repetiert. Das Hirschfieber hatte mich voll im Griff, dass der neue Hochsitz bebte. Das freudige Waidmannsheil meines Bruders nahm ich kaum wahr und zündete mit zitternden Händen die mir angebotene Zigarette an.

Nach angemessener Wartezeit traten wir zu dem Gestreckten. Ein Spießer vom dritten Kopf, dessen linke Stange durch eine Rosenstockverletzung zu einem kleinen Knopf verkümmert war. Dankbar nahm ich von meinem Bruder den Schützenbruch entgegen.

Ein zynischer Mitjäger bezeichnete mein schweißbeflecktes Hutband einmal als „Bruchband“. Als ich den kleinen Eichenzweig an den Hut steckte, dachte ich daran und grinste noch breiter.

Nach kurzem Verweilen zogen wir den Hirsch aus dem Erlen-Kieferngestrüpp auf die nächste Rückeschneise. Während mein Bruder sich aufmachte, seine Holzarbeiter zu bitten bei der Bergung behilflich zu sein, versorgte ich – von Caesar kritisch beobachtet, der aber auf das Genossenmachen der starken Brunftwitterung wegen verzichtete – meinen ersten Hirsch nach vielen Jahren Abwesenheit von zu Hause.

Auf dem Gipfel einer Fichte dankte eine Amsel auf ihre Weise melodisch und lauthals für den herrlichen Abend und am liebsten hätte ich genauso laut und freudig eingestimmt.

Dann saß ich sinnend auf dem Erdboden und wartete. Allmählich wich der Tag, die Sonne sank, es wurde still im Wald, dunkler und ruhiger um mich herum. Verschiedentlich meldeten Hirsche, die Stimmen des Tages verstummten nach und nach, die Nacht begann sich mit Geräuschen zu regen, die mir fremd und doch wieder vertraut waren. Unruhig warf der Hund, der ruhig neben mir abgelegt war, auf, als ein Igel – spät für die Jahreszeit – auf seiner Nahrungssuche Lärm im trockenen Falllaub machte.

Von weither wehte der vertraute Klang der Kirchenglocken aus dem benachbarten Dorf zu uns herüber. Ich überlegte, dass er viel besser zu der friedlichen Stimmung passte als das Hupen und Reifenquietschen der Autos auf der entfernten Bundesstraße.

Der Ruf eines Eulenvogels hallte verloren durch den Wald und im geisterhaften Licht des aufgehenden Mondes begannen Bäume und Büsche merkwürdige Gestalt anzunehmen. Meine Gedanken gingen zurück zu den riesigen, unberührten Revieren in fernen Ländern, als ich diesen Frieden und diese Stimmung, die mir der heimatliche Wald gibt, herbeigesehnt hatte. Ich war tief in Gedanken versunken, als die Helfer kamen und wir den Hirsch zum Gutshaus brachten, wo er vor der Freitreppe verblasen wurde. Wieder wäre ich am liebsten eingestimmt in den Laut der beiden Dackel, die dem feierlichen Signal, wenn auch aus anderer Motivation, die richtige Freude verliehen.

IN RUSSLAND

Unter Wilderern

Rothirschbrunft und Birkhahnbalz

Lautlos tauchten die Riemen ins Wasser und mit der Strömung glitt der Holzkahn leise zur anderen Seite des Flusses. Die Leuchtkraft des abnehmenden Mondes vermischte sich mit der anbrechenden Tagesdämmerung zu diffusem Licht, als wir am anderen Ufer des Ugra aus dem Boot stiegen und es mit vereinten Kräften an Land zogen. Wir, das waren Vitalek, ein dunkelhaariger und dunkeläugiger zwanzigjähriger Mann wahrscheinlich aus Georgien, Alexander, ein blonder Russe mit strahlend blauen Augen, gegen dessen dunkelrote Gesichtsfarbe ein Krebs schlichtweg blass wirkte und ich, der ich in dieses Gebiet, rund 280 Kilometer südwestlich von Moskau gekommen war, um einen Rothirsch oder Maral zu schießen.

Immer wieder bückten sich meine Begleiter, tuschelten miteinander, ab und zu flammte ein Streichholz auf, ein Trittsiegel wurde beleuchtet, berochen und befühlt, kurz diskutiert und dann zogen wir weiter, suchten nach frischen Fährten – erfolglos. Stattdessen fand Vitalek drei glänzende Patronenhülsen im hohen Gras, wir waren nicht die Einzigen, die in dieser Wildnis jagten.

Schließlich verließen wir das Flusstal und folgten auf kargem Sandboden vorsichtig einem ausgetretenen Wildwechsel in dichtes Birkengestrüpp.

Langsam wurde es hell und ich konnte endlich das seltsame Gerät auf dem Rücken von Alexander begutachten: Ein wohl 1,5 Meter langes dickes Herakleum-Rohr, in einem Ende steckte eine abgeschossene Schrotpatronenhülse und darüber hatte der Mann ein Kondom gestülpt. Dieses altertümlich anmutende Instrument führte er an den Mund und entlockte ihm einige schrille, grauenvoll klingende Töne, die mich an die Zeit vor 50 Jahren erinnerten, als ich Jagdhornblasen lernte.

Dann saßen wir im Moos, aßen aromatische, grüne Äpfel von den verwilderten Bäumen, die vereinzelt im Wald standen, und lauschten. Wahrscheinlich war dort, wo wir uns niedergelassen hatten, vor 20 oder 30 Jahren ein Waldbrand entlanggerast, der urwüchsige Busch war noch jung, die Spuren des Feuers noch nicht vernarbt …

In der Ferne schrie ein Hahn. So einsam, wie ich glaubte, schien es nicht zu sein, denn gewiss stand dort ein Gehöft. Trotzdem, Wild musste hier sein, massenweise krabbelten Hirschläuse an mir auf und ab.

Ich hatte Muße, das kurze, zierlich wirkende Gewehr meines Begleiters Alexander zu begutachten. Stolz zeigte er mir eine schwache Patrone: „Gutt for Mensch", strahlte er, biss dann symbolisch die Spitze des Vollmantelgeschosses ab und fuhr fort: „Gutt for Jelen" (Hirsch). Seine Worte stimmten mich nachdenklich. Wir jagten auf geschichtsträchtigem Boden. Vor einigen hundert Jahren wurden hier die Türken auf ihrem Vormarsch gestoppt, anschließend die Tartaren zurückgeworfen und dann – ein seltsames Gefühl machte sich in mir breit – waren es deutsche Landser, die im Zweiten Weltkrieg hier kämpften und fielen. Gut erkennbare Schützengräben gaben selbst nach über siebzig Jahren noch Zeugnis davon.

Als es hell war, pürschten wir geruhsam zurück zum Ugra. Dabei bewunderte ich die erstaunliche Speichelproduktion von Vitalek. Alle zwei Minuten spuckte er aus, nun schon über fünf Stunden lang.

Die farbenprächtige Vielfalt der Pilze – Waldchampignons, Reizker, Kremplinge, Maronen – war beeindruckend. Im Garten Eden konnte es kaum anders ausgesehen haben, flächendeckend war der Boden von ihnen übersät.

Ich saugte die ganze Schönheit des Ugras mit seinen Weidendickichten, schilfrohrbewachsenen Ufern und Sandbänken in mich auf. Alle Augenblicke sprang ein Fisch und der Wind wirbelte goldgelbe Blätter von den Birken über die Wasserfläche.

Endlich erreichten wir die Hütte. Während ich erwägte, den restlichen Tag zu angeln, wurde ich müde. Die siebenstündige Pürsch zeigte ihre Wirkung und ich schlief traumlos bis in den Nachmittag hinein.

Am Abend zogen wir in einen anderen Teil des über 15.000 Hektar großen Jagdgebietes, in eine Gegend, in der angeblich starke Marale standen. Nachdem der Geländewagen, der uns in die Einstände fahren sollte, streikte (am Ende meines zehntägigen Jagdaufenthaltes stand er noch immer im Sumpf an derselben Stelle, an der er seinen Geist aufgegeben hatte und von uns zurückgelassen worden war) und wir unseren Fußmarsch antraten, glich dieser eher einem Altherren-Spaziergang. Dann aber mussten

wir uns durch knietiefen Sumpf, fast undurchdringliches Erlen- und Weidengestrüpp und mannshohe, verwelkte Brennnesselwälder arbeiten. Im herbstlich bunten Farnkraut stießen wir auf frische Autospuren und fanden wieder zwei Patronenhülsen. Auf meine fragenden Blicke reagierten die Begleiter nur mit Schulterzucken.

Leichter Wind wehte. Alexander blieb mit seinem Herakleum-Musikinstrument zurück und alle zwanzig Minuten erschallte nun hinter uns, wie das Pfeifen einer altersschwachen Dampflok, dieser grässlich quietschende Ton: Der imitierte Brunftruf eines Marals, aber wir erhielten keine Antwort.

Zweimal entdeckten wir weitere frische Fahrzeugspuren am Waldrand. Alle drei- bis vierhundert Meter waren die Autos im rechten Winkel auf die Felder, Wiesen oder andere freie Flächen gefahren, wahrscheinlich um sie mit Scheinwerfern abzuleuchten. Als nicht weit entfernt ein Schuss fiel, zuckte Vitalek zusammen. Das Wort „Lupus“ fiel, wohl als Rechtfertigung, dass wir kein Wild sahen. Mir wurde klar, dass der böse Wolf herhalten musste, obwohl zweibeinige Wilderer am Werk waren. Hunger und Kälte tun weh!

Dann bekam ich Gewissheit für meine Vermutung. Es war schon stockfinster, da tasteten sich die aufgeblendeten Scheinwerferstrahlen eines Autos näher. Ein klappriger

Geländewagen rollte uns langsam entgegen. Vitalek ergriff meine Schulter, zog mich ins Gebüsch, drückte mich auf den Boden, nahm sein automatisches Gewehr von der Schulter, zielte lange und feuerte dann eine Salve von vier oder fünf Schüssen auf das nur noch knapp hundert Meter entfernte Fahrzeug. Augenblicklich schaltete der Fahrer die Beleuchtung aus – oder wurde eine Lampe getroffen? Ich war zu aufgeregt, um die Lage klar zu erkennen. Zwei Dinge nahm ich, flach auf die Erde gedrückt, wahr: Den aufheulenden Motor, dessen Geräusche sich schnell entfernten, und das Krachen mehrerer Schüsse. Die Kugeln rauschten und zischten über unseren Köpfen durch das belaubte Erlengezweig. Mir war bis dahin nicht bewusst, wie deutlich man ein Geschoss mit den Ohren verfolgen kann. Alles ging so schnell, dass mir erst später klar wurde, in welcher gefährlichen Situation wir uns befunden hatten.

Auf dem Rückweg stieg uns plötzlich beißender Brunftgeruch – besser -gestank – in die Nase. Als wir regungslos verharrten, vernahmen wir das Gepolter von fortziehendem, schwerem Wild und dann schallten, fast wie zum Hohn, aus der Dunkelheit diese schrecklichen Quietschtöne zu uns herüber. Es war das erste und letzte Mal während dieser Jagdreise, dass ich den Brunftschrei eines Marals hörte.

Die Rufe eines Käuzchens waren am nächsten Morgen die einzige akustische Begleitung auf unserem schweigenden Marsch durch die fast noch stockfinstere Nacht. Plötzlich blieben wir wie elektrisiert stehen, hielten gleichzeitig den Atem an. Wir hatten uns nicht verhört: Ein Rothirsch röhrte. Noch einmal schallte es von der anderen Seite des Flusses zu uns herüber. Sprengruf. Kurz nur lauschten wir, hetzten, nein stolperten, was Beine und Lunge hergaben, den Weg, den wir zwei Stunden lang am Wasser entlanggeschlichen waren, zurück und erreichten nach einer halben Stunde Eilmarsch, pitschnass geschwitzt, mit pfeifendem Atem den Anlegeplatz, sprangen in das Boot und ab ging es. Stromab ruderten wir in die Richtung, in der wir den Hirsch vermuteten. Ab und zu leuchtete der Mond durch dichte Wolken, dass das Wasser des Stromes gespenstisch glänzte, doch Momente später waren wir erneut von tiefer Dunkelheit umgeben.

Schließlich landeten wir am Ufer, verließen Boot und Fluss, doch während sich die Dämmerung langsam durch den Wald kämpfte, herrschte tiefes Schweigen um uns herum. Zwei Schüsse fielen. Vitalek versuchte mir gestenreich etwas zu erklären, aber da die einzigen Worte, die er auf Deutsch beherrschte „nix gutt“ und „kaputt“ waren und ich nicht viel mehr von seiner Muttersprache verstand als „dawei“, „nastrofje“ und „perestroika“, begriff ich nicht, was er mir sagen wollte. Schließlich spuckte er auf die Erde und gab schulterzuckend auf.

Wir pürschten durch wunderschöne weite Birkenwälder, die mit ihren kerzengeraden, weißen Stämmen unter gelbbraun gefärbten Blätterkronen an herbstliche Jagdreisen in Skandinavien erinnerten, doch kein Hirschruf weit und breit. Einige leuchtend rote Vogelbeeren erregten meine Aufmerksamkeit. Beim Nähertreten erkannte ich, dass der starke Ebereschenbusch von einem Hirsch arg zugerichtet worden war. Die zahllosen lästigen Hirschläuse und diese Schlagstelle nahm ich als gutes Zeichen.

Als wir zwei frisch angenommene Suhlen passierten und strenger Brunftgeruch verriet, dass in der weiteren Umgebung Rotwild stand, beschloss ich, in der Nähe die kommende Nacht zu verbringen, um zu verhören und den genauen Tageseinstand des Hirsches ausfindig zu machen.

Hoffnungsfroh pürschten wir durch ein Meer verblühter Weidenröschen zurück zum Ugra. Was musste dies im Sommer für ein bezaubernder Anblick sein. Nun war all die Pracht vergangen. Dunkel, drohend, schwarz wirkten die absterbenden Strünke. Die fröhlichen, unbeschwerten Sommerfarben waren denen der schweren Trauer und der Vergänglichkeit gewichen.

Die Rückfahrt stromauf wurde mühsam. Immer wieder wechselten der von Stunde zu Stunde gesprächiger werdende Vitalek und ich uns an den Riemen ab. Der Strom floss keineswegs so träge, wie es mir anfangs vorkam.

Am frühen Nachmittag ging es wieder dorthin, wo wir den Hirsch vermuteten. Diesmal fuhren wir zwei Stunden lang mit dem Auto. Russland ist groß! Wir passierten ein einsames Dorf mit einigen Holzhäusern, die eher armseligen Bretterbuden glichen. Nur eine der Hütten hatte Fensterscheiben aus Glas. Strom, fließend Wasser oder gar eine Kanalisation waren den Bewohnern fremd. Seit der Zeit, als die Zarenfamilie herrschte, hatte sich nicht viel verändert. Hunde undefinierbarer Rasse begleiteten unseren Wagen laut kläffend ein Stück und fünf weiße Enten brachten sich flügelschlagend, watschelnd, schwerfällig vor dem Gefährt in Sicherheit.

Im Zeitlupentempo schlichen wir dann durch dichten Busch, über weiches Moos und kämpften uns durch verfilztes Erlen-Weiden-Gestrüpp, bis zu einer Suhle an einer natürlichen Blöße. Wie aus dem Erdboden gestampft stand dort, knapp hundert Gänge vor uns, ein Alttier. Starr äugte es in die uns entgegengesetzte Richtung. Nach minutenlangem, regungslosem Verharren ertönte leise, kaum vernehmlich, kurzes, faules Knören aus dem Dickicht zu uns herüber.

Den Hirsch mit Erfolg anzugehen, wäre zwecklos gewesen. Selbst wenn ich mich ihm, unbemerkt vom Kahlwild, das wahrscheinlich nicht weit stand, bis auf wenige

Meter genähert hätte, würde ich nicht schießen können, zu dicht, zu hoch war der Bewuchs.

In Windeseile baute Vitalek spuckend und fröhlich plappernd einen provisorischen Schirm, bog eine armdicke Birke bis zum Erdboden um, verknüpfte die Kronenäste mit denen einer kleinen Fichte und wir hatten notdürftig Deckung. Ein paar Fichtenzweige in das Gewirr gesteckt und in weniger als zehn Minuten war ein natürlicher Sichtschutz geschaffen, besser als Kanzel oder Hochsitz, in denen man der Natur so fern ist.

Zahllose Mücken umschwirrten uns. Vitalek zündete sich eine Zigarette an und die Enttäuschung folgte auf dem Fuß: Der Wind küselte. Immer wieder rieben wir Gesicht und Hände mit Blättern und Farnkraut ein, um unsere menschliche Witterung zu übertünchen. Ein Stellungswechsel wäre zu riskant. Zwar war es noch früh am Tag, aber das Wild gewiss schon auf den Läufen.

Drei Marienkäfer krabbelten, wie an einer Schnur gezogen, an meinem Ärmel hoch und zwei Nebelkrähen strichen dicht über unseren Köpfen hinweg. Wenige Meter entfernt wuchsen unter überdimensionalen Haselnussbüschen massenweise Pfifferlinge.

Mein Begleiter schien ein eigenes Verständnis von Nacht und Ruhe zu haben. Immer zum Schlaf bereit, war er trotzdem stets aufgeweckt und gesprächig. Niemals wirkte er muffelig oder unausgeschlafen.

Aber ich wurde nach Stunden des Wartens und Starrens müde, nickte ein, dennoch waren alle meine Sinne gespannt. Mich fröstelte trotz des riesigen Laubhaufens, den ich über mich geschichtet hatte. Rundherum Stille, nur ein Mal schnarrte eine Wacholderdrossel vorüber, rief ein Kleiber. Der Wind drehte ständig.

In weiter Ferne, kaum vernehmbar, tuckerte ein Motor und ein Hund kläffte, als ich unter meinem Laubhaufen erwachte. Nicht durch diese Zivilisationsgeräusche wurde ich geweckt, sondern durch das müde Knören eines Hirsches im dichten Gestrüpp hundert Gänge vor uns.

Ich ahmte den Ruf eines suchenden Rivalen nach, stieß danach noch einen kurzen Trenzer durchs Ochsenhorn, erhielt auch Antwort, aber dann war es wieder still um uns herum und wir warteten geduldig. Auf gut Glück in dem riesigen Bestand herumzustolpern, hätte wenig Sinn gehabt.

Noch einmal rief ich – die Antwort war tiefes Schweigen.

Die Dunkelheit kam, ich wurde müde. Die Nacht war eisig kalt und ich schlief sehr unruhig auf dem harten Boden, weil ich immer wieder im Unterbewusstsein auf den Brunftschrei eines Hirsches lauschte.

Am Morgen verharrten wir an einer kilometerweiten Fläche, mit Birken- und Weidenanflug bestanden, warteten auf die wärmende Sonne, lauschten der intensiven Balz der Birkhahnen und genossen den stimmungsvollen Tagesanbruch.

In einer kleinen Kieferngruppe beobachtete ich einen nadelnden Auerhahn. Er schien keinerlei Notiz von uns zu nehmen, als wir uns ihm näherten und schließlich unter dem Baum standen, in dem der große Vogel saß. Eine halbe Stunde lang bewunderten wir den Hahn, unterhielten uns im Flüsterton, während er unbekümmert von den frischen Trieben äste.

Schließlich gingen wir weiter. Nach hundert Metern rauschte es plötzlich in der Luft. Der schwere Hahn ritt an uns vorüber, fiel zwanzig Meter vor auf dem Stamm einer umgestürzten Birke ein, äugte zu uns her, die wir ganz frei standen, nahm von den Knospen und gab uns Gelegenheit, ihn fünf Minuten lang zu beobachten.

Dann schlich Vitalek von hinten auf ihn zu. Der Hahn machte keine Anstalten abzureiten. Immer näher kam der Mensch dem Tier. Da machte der Auerhahn Anstalten, meinen Führer anzunehmen, so war jedenfalls mein Eindruck. Er beruhigte sich aber wieder und als Vitalek, immer wieder auf den Boden spuckend, nur noch einen Meter von ihm entfernt war, machte er einen Riesensprung, Federn stäubten, Mann und Vogel wälzten sich am Boden. Schließlich gewann Vitalek. Stolz hielt er den gefangenen Hahn in die Höhe und wollte ihn mir bringen.

Wildes Flattern – erneut stoben Federwolken und ich sah nur noch den ungläubigen Gesichtsausdruck meines Jagdführers und den gesund abstreichenden Urhahn.

Beide mussten wir laut lachen, plapperten deutsch bzw. russisch und der zweistündige Heimweg verging mit Erzählen, auch wenn wir uns nicht verstanden.

Für den Abend, eventuell die Nacht und den darauffolgenden Morgen stand mein Plan fest. In etwa wusste ich, wo der Hirsch seinen Tageseinstand hatte. Den dichten Busch verlassen würde er kaum, da genug Äsung vorhanden und durch Wilderei das Wild besonders heimlich war. Die Chance, zu Schuss zu kommen, hatte ich an einer der Suhlen in den Randgehölzen. Aber welches der sieben oder acht bestätigten Schlammlöcher war am erfolgversprechendsten für einen Ansitz? Das musste ich herausfinden.

Es war später Vormittag, als ich mit Vitalek wieder in die Nähe des vermuteten Einstandes fuhr. Einen halben Kilometer vom Ugra entfernt, im sumpfigen, nach Brunft stinkenden, morastigen Schlamm, übersät mit Fährten, suchte ich mir am Rande eines Wasserlochs eine dicke Erle, sägte einige Zweige ab, sodass ich den Baum problemlos erklimmen und eine starke Astgabel erreichen konnte, in der ich mich halbwegs bequem niederließ.

Es war mühsam, Vitalek zu erklären, dass ich auf diesem Baum den Abend verbringen und auf Wild warten wollte. Schließlich hatte er es begriffen. Als nächstes versuchte ich, meinem Begleiter klarzumachen, dass es ratsam sei, alle anderen Suhlen zu verwittern. Wir zogen leise durch den Busch, ich „nässte" ausgiebig in die erste, dann eine halbe Stunde später demonstrativ in die zweite Suhle, aber bei der dritten verließ mich meine Kraft. Vitalek, der mein Tun argwöhnisch beobachtet hatte und kaum noch etwas sagte. musste ran.

Ich versuchte ihm klarzumachen, dass auch er in das Schlammloch pinkeln müsste, aber er verstand mich nicht. Wieder und wieder erklärte ich mit großen Gesten meine List – ohne Erfolg. Noch einmal demonstrierte ich, wie er in die Suhle nässen möge und packte ihn dann bei der Schulter. Das kalte Entsetzen stand auf dem Gesicht des armen Mannes. Nach meinem handgreiflichen Versuch, schlug er mir auf die Finger, ließ einen Schwall von unverständlichen Worten in einem Regen aus Spucke auf mich niedergehen und stürmte, mich eines vernichtenden Blickes würdigend – davon.

Ich konnte mir aus dem Verhalten meines Begleiters keinen Reim machen, sondern dachte nur an den Hirsch. Nachdem ich drei weitere Suhlen mit einem Papiertaschentuch, meiner Jacke und meinem Hemd verwittert hatte, traf ich halbnackt beim Jeep ein. Vitalek empfing mich, entgegen seinem früheren Benehmen, mit eisigem Schweigen. Er öffnete mir auch nicht die Autotür wie sonst immer, sondern starrte stur geradeaus, als sei ich gar nicht vorhanden. Auf der Rückfahrt fiel kein Wort.

Am Jagdhaus angekommen, sprang er wortlos aus dem Auto, öffnete mir, nicht wie gewohnt die Tür und stürmte zum Haus. Dort begann zwischen den andern Russen ein wildes Palaver und man zeigte abweisend mit Fingern auf mich. Als ich zu den Leuten ging, wichen sie mir aus, verschwanden. Erst als meine Einladung auf ein Fläschchen Wodka – in diesen Breiten ein wahres Zaubermittel – abgelehnt wurde, wurde ich misstrauisch.

„Die Herren glaubten nicht, dass Sie so einer sind, die Herren nicht mehr mit Ihnen jaggen und trinken", erklärte der Dolmetscher eisig, ohne mir in die Augen zu blicken. Nun wurde mir klar, in welch verzwickte Lage ich mich hineinmanövriert hatte: Vitalek glaubte, ich hätte ihn sexuell belästigen wollen.

Verzweifelt versuchte ich durch Erklären meines Verwittrungsplanes Klarheit zu schaffen. Es dauerte Stunden, doch schließlich, nach mühsamen Erläuterungen, war ich rehabilitiert, die meisten Männer waren beruhigt und froh, dass die wilden Vermutungen Vitaleks nicht zutrafen. Unter großem Gelächter und befreiendem Schulterklopfen floss der Wodka wieder in Strömen.

„Ihr braucht mich erst abzuholen, wenn ich geschossen habe", lachte ich voller Zuversicht, als mich am nächsten Nachmittag ein Geländeauto zu der Erle im Sumpf brachte. Am Vortage hatte der Alkohol einen Strich durch meine Rechnung gemacht. Niemand war im Stande, mich zu meinem Ansitzplatz zu bringen.

Ein speckiges Kissen und eine zerfetzte Decke griff ich mir noch aus dem Laderaum, dazu ein dickes Tau, dann knatterte der Wagen davon, ich war endlich allein.

Die Sonne stand noch hoch, als ich die Erle erklommen hatte. Wie schon so oft im Busch erprobt, zurrte ich das Tau um meinen Körper und den Stamm, verknotete es sorgfältig und hatte so, neben einer Sicherung, eine verhältnismäßig komfortable Lehne.

Nichts Besonderes tat sich. Zweimal huschte ein kleiner Vogel vorüber, in der Dämmerung gaukelte eine Fledermaus vorbei und als es dunkel war, klingelten Enten über mir dahin. Sehen konnte ich sie nicht mehr, lediglich das Ohr bestätigte noch, dass ich nicht allein in dieser Wildnis war, wie es den Anschein hatte.

Immer wieder schaute ich ungeduldig auf die Leuchtziffern meiner Uhr. Sie tickte, aber ich hatte das Gefühl, die Zeiger bewegten sich nicht mehr.

Meine untere Körperhälfte schmerzte, mein Rücken war verkrampft und ich sehnte das Auftauchen der Scheinwerferlichter des Jeeps herbei, aber weder das Geknatter eines Motors noch sonst ein Geräusch drang an meine Ohren. Stockfinstere Nacht und tiefe Stille waren um mich herum.

Der abnehmende Mond würde erst kurz vor Hellwerden wieder erscheinen und fünf Stunden saß ich schon hier in meiner unbequemen Position. Mein Hintern war bereits taub, meine Füße fühlte ich nicht mehr, als seien sie abgestorben, und mein Kreuz schmerzte. Trotz der Strapazen nickte ich ein. Vor Müdigkeit war mein Kopf nach vorn gefallen, nur das Seil hatte mich vor einem Drei-Meter-Sturz in die Tiefe bewahrt.

Schließlich hangelte ich mich vorsichtig von der Erle hinab. Auf dem moorigen Erdboden versagten meine Beine den Dienst und ich fiel platschend zwischen die Brennnesseln. Kraftlos massierte ich meine eingeschlafenen Füße, langsam begann das Blut wieder zu zirkulieren und die Gefühllosigkeit verschwand. Todmüde schlief ich ein.

Ich hatte kaum mehr als drei Stunden geschlafen, als ich wieder erwachte und am ganzen Körper vor Kälte zitterte. Ab und zu leuchtete aus dicken Wolken die schwache Sichel des Mondes durch das dichtbelaubte Kronendach der alten Erlen. Mühsam rappelte ich mich auf. Jede Bewegung streifte kalte Tautropfen von den Brennnesseln und durchnässte meine ohnehin feuchte Kleidung noch mehr.

Ich wusste nur, in welche Richtung das Auto fortgefahren war, nachdem man mich abgesetzt hatte, aber nicht, wie ich zur nächsten menschlichen Behausung kommen würde. Der einen halben Kilometer entfernte Fluss war auch kein Anhaltspunkt. Ich hatte keine andere Wahl, als zu bleiben und auf das Auto zu warten. Freiübungen brachten meinen Kreislauf notdürftig wieder in Gang, das Zittern wollte aber nicht aufhören.

Verdrossen in mein Schicksal ergeben, krabbelte ich schwerfällig wieder auf meinen Sitz, band mich fest und starrte stur und gleichmütig in den Nebel. Ganz allmählich wurde es etwas heller, aber der Dunst zwischen den schwarzen Erlenstämmen verzog sich nicht. Dann kläffte in der Ferne ein Hund. Ich verwarf den Gedanken, dorthin zu laufen, denn die menschliche Behausung war allem Anschein nach auf der anderen Seite des Ugra und sollte ich sie wirklich finden, wie sollte ich mich verständlich machen? Resignierend, hungrig, durstig und bibbernd blieb ich sitzen. Je öfter ich auf die Uhr schaute, desto zähflüssiger tropften die Minuten dahin.

Da riss es mich zusammen. Nicht weit meldete ein Rothirsch, müde oder suchend. Dann höre ich es ganz deutlich noch einmal, dass mein Herz sofort höher schlug und die Lethargie aus meinem Körper vertrieb.

Vergessen waren Hunger, Durst und Kälte, verdrängt die steifen Muskeln und schmerzenden Knochen. Fieberhaft kramte ich den Ruf aus meiner Tasche und imitiere den Schrei eines wütenden Hirsches.

Bange Minuten mit angestrengtem Lauschen vergingen. Das erste Licht machte sich im Osten bemerkbar. Da hörte ich Wild ziehen. Es kam näher. Noch einmal meldete faul, eher gelangweilt, ein Rothirsch und noch einmal antwortete ich.

Wieder minutenlanges Schweigen. Tiefe Ruhe um mich herum. Schließlich kurzes Brechen, dann sah ich durch den Dunst die Konturen eines gewaltigen Wildkörpers mit fast unglaublich starken Stangen auf mich zuziehen. Das Gewehr lag längst im Anschlag, der Zielstachel zeigte auf das Blatt, doch als ich abdrückte machte es „Klick". Die Büchse war noch gesichert.

Ich blieb erstaunlich gelassen, legte den Sicherungsflügel um, zielte noch einmal und der letzte Brunftschrei des suchenden Hirsches vermengte sich mit dem Echo meines Schusses. Schlagartig brach er zwanzig Meter unter mir zusammen, schlegelte noch zweimal, dann war wieder Ruhe um mich herum. Ich aber war keineswegs ruhig, war innerlich völlig aufgewühlt, aber nach mehr als dreizehn Stunden konnte ich nun gern noch warten, es kam auf eine Stunde mehr oder weniger nicht mehr an.

Immer wieder betrachtete ich durch das Glas den starken Wildkörper und konnte mein Glück nicht fassen. Nebelschwaden zogen hin und her, mitunter sah ich den unter mir liegenden Hirsch kaum. Schließlich kraxelte ich hinunter, doch meine Füße versagten abermals den Dienst. Minutenlang musste ich sie massieren und durch Gymnastik wieder gelenkig machen, bis ich endlich zu dem Gestreckten stolpern konnte.

Es wurde sieben Uhr, es wurde acht Uhr. Die klare Luft war erfüllt von zahlreichen Vogelstimmen. Nah und fern balzten Birkhähne und ich genoss glücklich und zufrieden die einmalige, unvergessliche Stimmung in diesem weiten Land, schaute nicht mehr auf die Uhr, nur noch zu meinem Hirsch.

Die Zeit, die mir vorher so lang erschienen war, verging nun wie im Fluge. Noch bebte ich vor Kälte, aber ich merkte es nicht mehr. Meine Kleidung war pitschnass, ich war froh, als die Sonne endlich höher stieg, sie trocknete und mich wärmte.

Die Birkhähne kullerten rund um mich herum, die Morgenbalz war in vollem Gang und in der Ferne sah ich ab und zu einen Hahn in die Luft springen. Jäh wurde der erhabene, wunderbare Jubel der Schöpfung durch das Knattern eines Motors gestört. Das Geräusch kam schnell näher, ein stinkender Jeep hielt neben mir und verpestete die Luft, dass die in der Nähe aufgebaumten Kolkraben erschreckt rufend abstrichen.

Vitalek sprang aus dem Auto, schlug mir, als er den Hirsch erblickte, auf die Schulter, dass sie wieder schmerzte, spuckte aus, eilte zum Wagen, aus dem sich nun auch, eine Riesenaxt in der Hand, Alexander quälte, und ehe ich auch etwas sagen konnte, schlug er im wahrsten Sinne des Wortes, von Wortschwall und Gesten begleitet, das Haupt des Hirsches ab, dass das Blut weit spritzte.

Die Wirklichkeit hatte mich im Nu wieder eingeholt, aber die Erinnerung an das Erlegen des Hochkapitalen wird bleiben. Auch zu Hause träume ich davon, wenn mein Blick auf das 12,4 Kilogramm schwere Geweih des 20-Enders fällt.

IN OSTPREUSSEN

Ein später Hirsch

Zufallsbegegnung am Ende der Brunft

Als ich bei meinem ersten Ansitzabend die sechste Hirschlaus aus meinen Haaren geklaubt hatte, fühlte ich schon die nächste an meinem Hals hochkrabbeln. Ein leichter Windhauch trug intensive Brunftwitterung zu mir, aber die lästigen kleinen Quälgeister schienen die einzigen Lebewesen um mich herum zu sein.

„Das Schönste und Unersetzlichste am Ganzen ist ja doch das genießerische Alleinsein mit der Landschaft und ihrem Leben, mit seinen Hoffnungen und Vorgefühlen: das Erlebnis der Stimmung", formulierte Friedrich v. Gagern einst. Vorfreude kann aber mitunter quälend sein. Für mich war die Wartezeit bis zum Beginn meiner Reise nach Masuren fast unerträglich. Laut Aussage meiner Familie hatte ich, während ich dem Jagdtermin entgegenfieberte, immer gereizter reagiert und als die Jagd dann um eine Woche verschoben werden musste, war ich angeblich noch unleidlicher.

Zugegebenermaßen war meine Laune nicht die beste, denn wie sollte ich einen Hirsch zu Gesicht bekommen, wenn ich nicht einmal einen hörte? Mein Urlaub hatte gerade begonnen und die Brunft des Rotwildes war schon so gut wie vorüber. Kein Hirsch meldete, lediglich ein Kauz rief in die Dämmerung des diesig trüben Herbstabends, als ich mich zaghaft mit meinem Ruf meldete. Keine Antwort, keine Stimme, kein Laut, kein Rotwild. Über mir blühte langsam der Sternenhimmel auf und mutlos beendete ich den ersten Ansitz. Senkrecht über mir stand der Orion, der Große Jäger und beleuchtete meinen Heimweg zum Jagdhaus.

Auch der nächste Morgen ließ das Revier rotwildfrei erscheinen. Mit einem Autowinzling fuhren Jurec und ich bei Dunkelheit zu verschiedenen Ecken des über 20 000 Hektar

großen Jagdgebietes, um zu verhören, aber das einzige, was nach Hirsch klang, waren die Laute aus meinem Ochsenhorn.

Zweimal glaubten wir weit entfernt einen Trenzer gehört zu haben, wahrscheinlich aber war der Wunsch der Vater unserer Wahrnehmungen. Trotzdem wurde es ein erhabener Tagesbeginn mit den langen, dann kürzer werdenden Schatten der bunt belaubten, weißstämmigen Birken, dem fallenden Herbstlaub und den trompetenden Kranichen am verhangenen Himmel. Allmählich fraß sich die Sonne durch die dichten Wolken, der Wald, der am Anfang unserer Pirsch noch düster wirkte, erschien immer heller und freundlicher.

Wunderschön leuchteten Fliegenpilze im goldgelben Gras, dahinter sprießten riesige Parasolpilze aus dem Boden. Gänse, die am blauen Himmel entgegengesetzt zur Sonne im Osten Richtung Westen tief über uns zu ihren Äsungsplätzen zogen, untermalten mit krächzenden Rufen feierlich unseren Weg zurück zum Auto. Der noch tief stehende Sonnenball strahlte die sonst schlicht erscheinenden Vögel in besonderer Weise an, ihr Brustgefieder schimmerte hell auf, Schnäbel und Latschen leuchteten rot.

In die Gänserufe mischten sich grelle Schreie eines kreisenden Mäusebussards und das „Klong! Klong!“ zweier Kolkraben. Die wunderschönen Melodien wurden begleitet vom leisen Rauschen des Windes in den Zweigen des endlosen Waldes.

Ein junger Zehner, das einzige Wild, das wir an diesem Morgen vor hatten, zog abgebrunftet über eine Schneise. Klapperdürr wirkte er, kein gutes Zeichen überlegte ich: „Sollte der Jüngling bereits die Stelle eines Platzhirsches eingenommen haben?“

Als es zu regnen begann, schien der Urlaub buchstäblich „ins Wasser“ zu fallen, aber nachts klarte es auf und wurde bitterkalt. Am Morgen waren die Blätter des am Jagdhaus rankenden Weines blutrot, der Wald hatte sich mit herbstlichen Färbungen gekleidet, aber die Hirsche verschwiegen.

Ein Schwarzspecht unterbrach mit gellendem Ruf den Frieden, hakte am Stamm einer mächtigen trockenen Kiefer und bearbeitete sie. Weit spritzten die kleinen Holzspäne beiseite und laut hallte sein Klopfen durch den Altholzbestand.

Zu Boden taumelnde Blätter brachten muntere Bewegung in die herbstliche Landschaft. Die Bäume erschienen zwar kahl, aber mit jedem Windhauch lösten sich immer wieder noch einige Blätter aus dem Geäst und trudelten langsam herunter, obwohl ich den Eindruck hatte, die meisten Bäume hätten ihr gesamtes Laub längst abgeworfen.

Zwei Kolkraben stritten sich im klaren Himmel mit wütenden aber wohlklingenden Rufen. Ich wurde auf dem Rückmarsch von unserer Morgenpirsch, bei der wir wieder kein Wild gesehen hatten, erst durch ihre Auseinandersetzungen auf die Wotansvögel aufmerksam.

Am nächsten Morgen formte sich der Atem vor unseren Mündern zu weißen Wolken, ließ meine Brille beschlagen, zeigte an, woher der Wind wehte und wir pirschten ihm entgegen. Wege gab es nicht, nur Pfade und Wechsel.

Kilometer um Kilometer schlichen Jurec und ich im Dämmerlicht über weiche Moospolster, durch gewaltige Kiefernaltholzbestände, in deren Schatten sich Naturverjüngungen verschiedener Holzarten ausgesamt hatten. Der Wald dampfte und perlte aus offenen Poren.

In den lichten Beständen fand das Wild genug Äsung, Ruhe vor Menschen und lebte in einer gesunden Dichte. Schälschäden suchte ich vergebens.

Plötzlich: Ein Trenzer und dann der lange Schrei eines älteren Hirsches. Ich hatte es kaum noch zu hoffen gewagt!

Wir hatten an unterschiedlichen Stellen verhört und waren ohne festes Ziel, mehr auf gut Glück, gepirscht. Dabei hatten wir kaum Wild gesehen, waren ziemlich mutlos und hatten uns mit dem Ende der Brunft und damit, dass der Morgen wieder erfolglos sein würde, abgefunden. Doch nun stieg das Hoffnungsbarometer mit Höchstgeschwindigkeit in schwindelnde Höhen.

Ein Stück Kahlwild war offenbar spät brunftig geworden, weil es auch im Vorjahr später beschlagen worden war und demnach auch später gesetzt hatte. Da der zeitliche Abstand zwischen brunftig werden und setzen festgelegt ist, verursachen solche Tiere eine Nachbrunft. Auf jeden Fall meldeten mehrere Hirsche aus der Richtung, in der Nähe eines großen Sees, höchstens fünfhundert Meter entfernt. Wenn man sicher nach der „Tiefe“ der Stimme schließen könnte, waren es zumeist „ältere Herren“.

Im Walde war es noch dämmerig, aber auf den freien Flächen hatte der Morgen bereits das Zepter übernommen, die Helligkeit eilte in großen Schritten heran, als wir uns durch mir unbekanntes Terrain auf den Weg machten, den Rufenden entgegen. Ab und zu hörten wir einen faulen Trenzer, aber als es taghell war, verschwiegen die Hirsche nach und nach.

Nebel wallten über die geisterhaft anmutende Seenlandschaft, in deren Uferstreifen, von einem dichten, schulterhohen Schilfgürtel umgeben, die Hirsche geschrieen hatten, gewiss war dort ihr Tageseinstand. Hier einen guten Hirsch zu überlisten, war schwierig, aber reizvoll. Mir wurde klar, dass in dieser urigen Wildnis ebenso viel Glück wie jägerisches Können nötig ist, um zum Erfolg zu kommen.

Meine Kehle war vom Rufen rau geworden, als hätte ich selbst in der vergangenen Nacht unaufhörlich gebrunftet. Übermüdet, durstig, aber zuversichtlich, dass der Bann gebrochen schien, freute ich mich auf die kommende Pirsch.

Abends hingen die Wolken wieder recht tief. Angenehme, warme Luft wehte, als ich mit Jurec loszog. Seine Zuversicht hielt sich in Grenzen.

Am Rande des Schilfwaldes angekommen, herrschte Ruhe. Ich nahm mein Ochsenhorn und knörte kurz. Im selben Augenblick riss es mich zusammen. Ein Hirsch, eine gewaltige tiefe Stimme antwortete nicht weit von uns entfernt. Es klang eher wie Brüllen, rau und herrisch, bösartig, eine Stimme, die gewiss nicht zu einem Schwächling gehörte.

Der Wind stand gut, aber Jurec versuchte, mir mit Armbewegungen, die an verzweifelte Schwimmbewegungen eines versinkenden Kindes erinnerten, etwas zu erklären. Er hielt sich mit Daumen und Zeigefinger die Nase wie ein Ertrinkender zu und schien nicht von der Idee begeistert zu sein, dem Hirsch in das Schilf zu folgen.

Wie vermessen benehmen sich Jagdgäste manchmal doch im Ausland?! Oft hatte ich es auf meinen Safaris erlebt, nun verhielt ich mich genauso wie sie, wollte einfach nicht wahrnehmen, dass mein Führer den Kopf schüttelte, versuchte, mich von meinem Vorhaben abzuhalten und zurückblieb, während ich erwartungsfroh in den Rohrdschungel eindrang.

50, 100, 150 kam ich Meter um Meter zügig voran. Knörte der Hirsch, knörte ich etwas leiser, schrie er, schrie ich auch. Dieses Frage- und Antwortspiel dauerte zwanzig Minuten lang, doch der Hirsch kam nicht näher. Zwischendurch mahnte ich, er ließ sich nicht beirren, zog langsam vor mir her.

Dann endlich kam irgendwo aus dem dichten Röhricht die Antwort eines Rivalen. Tief und dumpf klang sie und wie das Echo tönte es vor mir dreimal kurz: „Och! Och! Och!“ Sprengruf „meines“ Hirsches.

Eine ganze Weile dauerte das Duett zwischen den Beiden. Dann entdeckte ich im hohen Kraut eine Bewegung. Leuchtende Stangenenden ließen mich zusammenfahren und behutsam das Glas vor die Augen nehmen. Im Wind sich wiegende Blütenstände hoher Gräser hatten mich getäuscht, es war nicht das erhoffte Hirschgeweih. Noch bevor ich mich länger über den Spuk ärgern konnte, stieß 30, 40 Gänge entfernt ein Hirsch mit gewaltiger Stimme an, schmetterte mir seinen donnernden Kampfschrei voll geballter Wut, zorn-, ja hasserfüllt entgegen, dass mir die Ohren dröhnten, so nah stand er.

Mein Herz schlug bis zum Hals, ich wähnte mich dicht am Ziel meiner Wünsche, ließ das Ochsenhorn sinken und verschwieg. Auch mein „Gegner“ blieb stumm. Dann vernahm ich Plätschern, vermutete vor mir eine Suhle und schlich hocherregt weiter.

Eine Begegnung mit dem 66-Ender hätte mich kaum tiefer treffen können: Vor mir floss träge ein breiter Fluss dahin.

Jurec wusste, dass die Hirsche fast nur auf der anderen Seite des Flusses brunften und hatte mich losziehen lassen, wohlwissend, dass ich erfolglos zurückkehren würde.

Amüsiert über die Schlitzohrigkeit meines Begleiters und ärgerlich über meine Überheblichkeit, arbeitete ich mich durch das Dickicht zurück und kam, als die Dämmerung bereits fortgeschritten war, über hundert Meter unterhalb der Stelle aus dem Schilf, an der wir uns eine Stunde zuvor getrennt hatten. Beinahe hätte ich mich in der hohen Wildnis noch verirrt.

Trotzdem blieben wir beide vergnügt, auch wenn ich eine gewisse Schadenfreude bei meinem Führer zu bemerken glaube. Ich hatte eine aufregende Stunde und 200 spannende Meter, teils geduckt, teils fast kriechend durch dichtes Weiden- und Schilfgestrüpp, schulterhohe Brennnesseln und „nur“ knietiefes Gras hinter mich gebracht, war aber trotz des Misserfolges zufrieden.

Am nächsten Morgen war es wieder sehr ruhig. Ab und zu ahmte ich, als der frische Tau der kalten Nacht der wärmenden Sonne wich, die Stimme eines suchenden Hirsches nach, aber nur Kahlwild zog vor uns durch das dämmerige Kiefernholz: Drei Tiere, zwei Kälber, es folgten ein junger Spießer und ein Sechser. Gewiss war kein älterer Hirsch mehr in der Nähe, sonst würden sich die beiden Jünglinge nicht so nah an das Rudel heranwagen.

„Was für eine Strategie könnte man noch entwickeln?", überlegte ich, da schrie ein Hirsch. Verdutzt schauten Jurec und ich uns an, hatten wir damit doch nicht mehr gerechnet, bückten uns gleichzeitig, wie auf ein geheimes Zeichen, streiften Samen vom Bentgras ab und warfen ihn in die Luft. Der Wind stand günstig. Er wehte aus der Richtung, aus der der Hirsch meldete, einem sumpfigen Gebiet, bestanden mit fast undurchdringlichem Erlen- und Weidengestrüpp.

Auf mein Rufen kam wenig später Antwort und leicht geduckt schlichen wir auf die Stimme zu. Es war bereits taghell. Wegen der trockenen Zweige und Äste auf dem Boden war es unmöglich, leise zu gehen, wir gaben uns auch keine Mühe. Laut knackte und brach es, als wir uns dem Hirsch näherten, ebenso geräuschvoll zog der uns entgegen, war im Nu nur noch vierzig, fünfzig Gänge entfernt und fegte erregt im Weidengestrüpp, dass es krachte. Aber wir konnten ihn nicht sehen, registrierten lediglich wild sich hin- und herbewegende, auf- und niederschleudernde Zweige, aber kein Stück Decke oder Geweih.

Längst waren wir in die Knie gegangen, hatten uns auf dem durchweichten Boden dicht zusammengehockt, starrten zu dem in Aufruhr geratenen Busch und versuchten durch das Dickicht den Hirsch auszumachen. Ich glaubte seine Nähe zu fühlen. Anstreichen des Geweihs, das Streifen des Wildkörpers an biegsame Zweige ließ erahnen, dass der Hirsch näher zog.

Doch da verschwieg unser unsichtbares Gegenüber. Nichts war mehr zu vernehmen. Die Stille wirkte nach den aufpeitschenden, lauten Minuten beklemmend. Ich hielt den Atem an, lauschte angestrengt, während Jurec mich anstarrte und ratlos mit den Schultern zuckte. Selbst zu schreien, getraute ich mich nicht, weil ich nicht wusste, ob der Hirsch noch in der Nähe stand.

Nach kurzer Wartezeit ahmte ich schließlich das Mahnen eines Tieres nach. Sofort geriet der vor wenigen Minuten so lieblos behandelte und dann in Ruhe gelassene Busch wieder in wilde Bewegungen und ich erkannte die Läufe des Hirsches. Im Halbkreis zog er um uns herum. Der Bewuchs war aber so dicht, dass wir den Wildkörper nur mehr ahnen als sehen konnten.

In Richtung des Hirsches schlängelte sich ein Graben mit breiten, freien Uferrändern entlang, auf denen lediglich kurzes Gras wuchs, registrierte ich und richtete zuversichtlich die Laufmündung meiner Büchse dorthin, um im Fall des Falles sofort zu schießen.

Da schrie der Hirsch wieder. Ich erkannte durchs Zielfernrohr einen mächtigen Wildkörper, auf höchstens dreißig Gänge wirkte er jedenfalls sehr stark, doch vor uns am Grabenrand stand ein hoffnungsvoller sechs- bis achtjähriger Kronenhirsch, legte sein Geweih zurück und röhrte. Ein unvergessliches Bild! Mehrere Momente verhoffte er unruhig, legte sein Geweih noch einmal nach hinten und orgelte uns entgegen. Ich meinte, seinen Atem zu spüren, so nah stand er vor uns. Dann zog er weiter, wurde vom dichten Busch förmlich verschluckt und kam in unseren Wind. Ärgerliches Schrecken und Brechen folgte, dann war der Spuk verschwunden.

Erfüllt von dem Erlebten, zündeten wir uns eine Beruhigungszigarette an und pirschten langsam zurück.

An einem Kahlschlag leuchtete es hell, ich erkannte durch das Glas den Spiegel eines Rehs. Nur kurze Zeit, dann sprang das Stück ab, meine Blicke verfolgten es durch die starke Optik, eine Ricke sprach ich an.

Als ich das Glas zufrieden sinken lassen wollte, registrierte ich wieder eine Bewegung. Ein vom Wind hin- und herschaukelnder Zweig konnte es nicht sein, es war völlig windstill und doch regte sich auf dem Schlag etwas, schwankte auf und ab. Wie Schuppen fiel es mir von den Augen: Es war kein trockener Ast, sondern eine Geweihstange, und dann erkannte ich auch das Ende der zweiten Stange, eine dunkle, wuchtige Gabel.

Noch war der Hirsch, der da siebzig oder achtzig Gänge vor uns vertraut bei hellem Vormittagslicht äste, verdeckt, aber allmählich schob sich der massige Wildkörper aus dem Beerengestrüpp heraus. Längst hatte ich die Büchse auf der Schulter meines Jagdführers aufgelegt, den Hirsch im Absehen des Zielfernrohres und als er frei und breit stand, unterbrach ein Schuss die feierliche Ruhe des Waldes.

Bis zum Rand der Blöße haben die Läufe den todwunden Hirsch noch getragen, dann brach er zusammen.

Wir genehmigten uns die zweite Beruhigungszigarette an diesem Morgen, dann standen wir vor einem abgebrunfteten, ungeraden Zehner, neun Enden hatten die fast schwarzen Stangen. Die dunkelbraunen Grandeln und abgeschliffenen Molaren im Unterkiefer verrieten ebenso viele Jahre.

Zahllose Hirschläuse krabbelten mir beim Aufbrechen wieder über Hände und Gesicht. Nicht weit entfernt meldete ein Hirsch, die Nachbrunft war noch keineswegs vorüber.

Und schließlich klappte es doch

Spannung bis zur bitteren Erkenntnis

Ein Jahr später feierte ich Wiedersehen mit Ostpreußen. Die über tausend Quadratkilometer große Johannisburger Heide (Puszcza piska), zu neunzig Prozent Kiefern- und Fichtenwälder, war das größte zusammenhängende Waldgebiet Preußens. Das „Herz Masurens" bietet im goldenen Oktober besonders reizvolle Landschaftsbilder, die Natürlichkeit, das Nebeneinander von Wald- und Heideflächen, Seen und Bruchwäldern fasziniert mich bei jedem Besuch aufs Neue.

In Ostelbien bezeichnet man ausgedehnte Waldgebiete als „Heiden", spricht von der „Rominter", „Tucheler", „Borker" und eben der „Johannisburger Heide". Die wenigen Menschen, die sich hier außerhalb der Städte bewegen, lassen die Landschaft noch einsamer erscheinen, als sie ohnehin ist.

Es war ein herrlicher, sonniger Tag, als ich gen Osten fuhr, aber ich spürte den Spätherbst: Das Grün verschwand aus den Wäldern, machte gelben, roten und braunen Farben Platz. Es lag ein Hauch von Wehmut über dem Land, als bereite es sich auf die große Winterruhe vor, doch der September ist Erntemonat, nicht nur für Jäger. In den Obstgärten hingen die Bäume voller reifer Früchte, die Landwirte waren mit der Kartoffel- und Rübenernte beschäftigt.

Zwar wirken Fichten das ganze Jahr hindurch eintönig dunkel, doch nun trugen sie zahlreiche Zapfen, grünlichbraun glitzerten sie von den höchsten Wipfeln herab.

Jede Baumart schmückte sich mit ihren individuellen Färbungen: Roteichen glühten feuerrot, die Blätter der Stileichen färbten sich braun, Pappeln und Birken zeigten sich in hellem goldgelbem Farbenfiligran, der Ahorn loderte in gleißendem Licht. Nur die Erlen an dem einsamen See, an dessen Rand wir eine Rast einlegten, trugen ein schlichtes Kleid, warfen die Blätter grün ab.

Mit den unterschiedlichen, abwechslungsreichen Farbtönen und Schattierungen von Bäumen und Büschen, Gräsern und Sträuchern zeigte sich der Oktober, der „Maler Herbst", wieder als die prächtigste Jahreszeit, selbst der Frühling vermag ihn nicht mit Farbvariationen und Farbenreichtum zu übertreffen.

Jurec und ich genossen nach arbeitsreichen Wochen die beschauliche Stille, die nur ab und an durch den Ruf eines Kranichs unterbrochen wurde. Wir begeisterten uns an den satten, prallen Farben, die fast kitschig wirkten und an der Ruhe und Abgeschiedenheit, als lebten wir in einer anderen Welt, aber alles war echt, Wirklichkeit, und wir freuten uns unbändig auf die vor uns liegenden Jagdtage.

Auf einer Koppel grasten zwanzig oder mehr Pferde friedlich in der Abendsonne. Sie gehören untrennbar zu diesem Land dazu. Nicht nur im „Heiligtum der Pferde", wie das Gestüt Trakehnen genannt wurde, züchtete man wertvolle Warmblüter.

Spät abends erreichten wir wieder die ehemalige Oberförsterei Grünheide, die sich heute Kulik nennt und standen bei Anbruch der Dämmerung voller Erwartung vor dem geschichtsträchtigen Gemäuer, über das ich schon in meinem Buch „Jagen in Masuren" geschrieben habe.

War es noch das Licht der schwindenden Nacht oder bereits das des beginnenden Morgens, des untergehenden Mondes oder schon das der aufgehenden Sonne? Das Zwielicht – der immer wiederkehrende, ewige Kampf zwischen Tag und Nacht, Licht und Dunkelheit, so ewig wie der Brunftschrei der Hirsche, zog uns in seinen Bann.

Mit der Wende vom September, vom „Scheiding", zum Oktober, dem „Gilbhart", wechselte auch der Mond. Das Wetter war umgeschlagen. Nach warmen Nebeltagen war es kalt und klar geworden, die Hirsche schrien wieder, nachdem man eine Woche lang im Revier nichts vernehmen konnte.

Leichter Westwind trug, wie die Wellen des Meeres anschwellend und verebbend, die Melodie eines eindrucksvollen Brunftkonzerts heran und begleitete uns auf unserem Gang ins Revier.

Jurec und ich pirschten auf einem breiten Sandweg an einen der meldenden Hirsche heran. Deutlich hörte ich es brechen, ein schwerer Wildkörper drängte sich durch dichtes Gezweig, Sprengruf erschallte. Dreißig Gänge vor uns prasselte ein Stück Rotwild davon, ein stärkeres, dunkleres folgte, verhoffte, aber ich konnte es nicht sehen, nur hören.

Ein langer, dunkler Ruf erschallte: Der Platzhirsch hatte einen Nebenbuhler vertrieben und trollte zum Rudel zurück. Schemenhaft erkannte ich ihn, dann war er verschwunden, verschluckt von Dunkelheit und Deckung. Angestrengt lauschten wir. Krachen und Gepolter hallte durch den Wald, als seien fünfzig Stück Rotwild auf den Läufen.

Der Platzhirsch stand wieder beim Rudel, schrie ab und zu und wir beeilten uns, auf dem Sandweg naher zu kommen. Geweihgeklapper klang herüber, zwei Beihirsche scherzten.

Es wurde schnell heller. Die Sonne war im Wald noch nicht zu sehen, aber sie hatte sich schon über den Horizont erhoben.

Auf dem Graben, der zur Linken unseres Weges träge dahinfloss, ließen sich acht, zehn, zwölf Stockenten gemächlich treiben. Kaum hatte ich sie auf der hellen Wasserfläche,

in der sich das erste Licht des Tages widerspiegelte, erblickt, erhoben sie sich rauschend und strichen laut paakend über das Rudel hinweg ab. Diese Störung nahm das Rotwild übel. Trotz anstrengendem Lauschen war nichts mehr von ihm zu vernehmen. Stille! Intensiven Brunftgeruch nahm ich wahr, aber das Rudel war fort. Spannende Minuten, doch ich war enttäuscht.

Es war inzwischen taghell geworden. Da meldete ein Hirsch auf der anderen Seite des Weges. Weil der Wind uns entgegenwehte, pirschten wir den Weg weiter auf den Rufenden zu.

Die Sonne verzauberte den in lichte Nebelschwaden gehüllten Oktobermorgen. Breite Strahlen, in die sich sanfte Dunstschleier hineinwebten, drangen durch die Kronen der hohen dunklen Fichten. Die braunen Blätter der Birken am Wegesrand wurden zu einer leuchtenden goldenen Kulisse, die unterschiedlichen Farben und Färbungen verwandelten den Wald in einen Lebensraum voller Geheimnisse, in ein Reich der Nymphen, Kobolde und Elfen. Ein wahrhaft goldener Oktobertag war angebrochen, begleitet vom Schreien eines uns unbekannten Platzhirsches und seiner Beihirsche.

Auf dem Weg war es nicht schwierig, sich dem Brunftgeschehen geräuschlos zu nähern. Schon nach 150 Metern vorsichtiger Pirsch schimmerte es hirschrot zwischen den weißen Stämmen der Birken: Kahlwild! Drei Tiere mit ihren Kälbern und ein Schmaltier ästen vertraut, unbeeindruckt von dem Lärm und der Unruhe, die die Hirsche hinter ihnen verbreiteten.

Durch das Zielfernrohr des in der Schießgabel ruhenden Gewehres erkannte ich auch den Platzhirsch. Fast doppelt so stark wie die Tiere und dunkler in der Färbung kam er mir vor. Erregt zog er kreuz und quer im Bestand hin und her. Um näher heranzukommen, damit ich ihn sicher ansprechen konnte, hätte ich durch den knietiefen Graben waten müssen, doch die Entscheidung wurde mir abgenommen. Deutlich sprach ich, als er verhoffte, in beiden Kronen der langen dünnen Stangen vier Enden an: Ein hoffnungsvoller Vierzehnender vom siebten oder achten Kopf schrie seine ganze, urwüchsige Kraft in den klaren Morgen hinaus.

Das bräunliche Bentgras war an manchen Stellen noch von hellem Raureif bedeckt und wie auf einem silbernen Teppich zog der Hirsch darüber hin.

Es war mittlerweile neun Uhr geworden. Um das Wild nicht zu vergrämen, schlichen wir vorsichtig zurück, begleitet vom gleichmäßigen Röhren des jungen Zukunftshirsches.

Vor uns lag ein Marsch von über einer Stunde. Ich hatte in den riesigen Waldungen die Orientierung längst verloren. Als ich meinen polnischen Begleiter fragte, in welcher

Ecke Masurens wir uns aufhielten, meinte er schmunzelnd: „Kurz vor letztes Dorf von Welt. Kommt sich Vogel angeflogen, kann nicht weiter, muss fliegen zurück!“

Es gibt in den Weiten der masurischen Wälder noch Gebiete, in die nie ein Fremder und selten ein Einheimischer kommt. Ich dachte an eine Geschichte, die meine Großmutter von einer Zeit erzählte, als Tourismus in Ostpreußen noch unbekannt war:

Großer Menschenauflauf auf dem Marktplatz eines kleinen masurischen Städtchens. Ein neugieriger Kaufmann schickte seinen Lehrling los, um zu erkunden, was passiert sei. Der Junge kam nach einer Stunde endlich atemlos wieder und berichtete: „Da is' einer – dem kennt keiner.“

Die Hirsche verschwiegen allmählich, trotzdem bewegten wir uns nur vorsichtig, verhielten uns ruhig, denn zu dieser Jahreszeit war den ganzen Tag über mit Wildbegegnungen zu rechnen, abgeschlagene oder suchende Hirsche bummeln auch bei bestem Licht umher. Aufmerksam schlichen wir auf breiten Gestellen und schmalen Schneisen durch beeindruckendes Kiefernholz, dunkle Fichtenbestände und bunte Birkenwildnis zurück in die Richtung, in der wir das Auto abgestellt hatten.

Die Wege wurden feuchter. Links und rechts wucherten Brennnesseln unter schwachen Erlen. Auch diese Sumpflandschaft wurde von der Oktobersonne verzaubert: Weiße Dunstschleier spielten mit dem Sonnenschein, glitzernde Tropfen reflektierten das funkelnde Licht in den dünnen Zweigen. Ab und zu taumelte ein braungraues Blatt zu Boden oder segelte zwischen den dünnen Stämmen dahin. Über dem Meer von Brennnesseln lag ein sonderbarer Glanz und verlieh der Umgebung eine feierliche Stimmung.

Abrupt blieb Jurec stehen und flüsterte, das Fernglas vor den Augen: „Spießer!“ Ich starrte durch mein Glas in dieselbe Richtung, entdeckte aber über den feuchten Brennnesseln das Geweih eines jungen Achters. Hinter ihm zog ein Sechser, auch von ihm waren lediglich Haupt und Träger zu sehen. Beide zogen weiter und verschwanden zwischen den hohen Brennnesseln, waren einfach fort.

70, vielleicht auch 80 Meter mögen es von uns aus bis zum Rudel gewesen sein. Unerwartet tauchte ganz kurz weiteres Wild über glänzendem Blättergewirr auf und verschwand wieder darin. Mindestens zwölf Stück Kahlwild und junge Hirsche wechselten gemächlich durch den nassen Bewuchs zu ihrem Tageseinstand.

Hier erschien der Kopf eines Tieres, dort erhaschte ich eine Bewegung, zwanzig Meter weiter erhob sich ein Spießer über dem Gewirr aus verdorrten Stauden und grünen Blättern, schüttelte sich und war von einer sprühenden, blinkenden und glitzernden

Wolke aus feinen blitzenden Wassertropfen, die aus seiner Decke stob, umgeben. Vor den Spießer schob sich ein Tier und hinter den beiden bemerkte ich ein Kalb.

Parallel zum Weg ziehend, näherte sich das Rudel dem Rand der moorigen Erlen- und Brennnesselwildnis. Ein Sechser verhoffte bereits, völlig frei, unter den Fichten des angrenzenden Bestandes, ihm folgten Alttier und Kalb.

Ab und zu meldete ein Hirsch in der Ferne und die seltsame Beleuchtung, das Spiel des Lichtes mit den Schatten und Farben, vermittelte dem Wald etwas Weihevolles, Mystisches.

Vor so einer Kulisse und feierlichen Stimmung ist gewiss die einfühlsame wie treffende Metapher aus der Waidmannssprache „Kirchgang“ entstanden, eins der alten „hirschgerechten Zeichen“, wenn reife Hirsche morgens, nachdem sie vor ihren Tageseinständen einige Widergänge gemacht haben, einziehen. Andachtsvoll genossen wir das friedliche Geschehen.

Langsam wanderten helle Flecke auf dem Boden mit dem Stand der Sonne dahin, gaben der Umgebung jeden Augenblick ein anderes Aussehen, veränderten ständig Größe und Gestalt, verwandelten ihre Form, bestrahlten die Bäume und ließen sie kurze Zeit später wieder im dunklen Schatten zurück.

Zehn Stücke hatten die Erlen zwischenzeitlich verlassen und waren in die Fichten gezogen. Manchmal schimmerte es zwischen den dunklen Stämmen kurz rot auf und wir erkannten, in welche Richtung das Rudel wechselte.

Als ich mich duckte, machte ich unter tiefhängenden, dichtbenadelten Zweigen einige Male die langsamen Bewegungen der Läufe aus, bevor endgültig ein Stück nach dem anderen verschwunden war.

Als ich die Schießgabel, auf der ich mein Fernglas aufgelegt hatte, zusammenklappen wollte, sahen Jurec und ich gleichzeitig noch einen Hirsch hinter dem Rudel herziehen. Seine kurzen, fast schwarzen Stangen glänzten im Sonnenlicht so, dass es den Anschein hatte, sie glitten schwerelos schwebend über dem Bewuchs durch die Wildnis dahin. Während ich in der rechten Stange eine auffällige Krebsschere ansprach, flüsterte Jurec: „Schießen" und noch einmal drängender: „Schießen!". Der Hirsch stand aber in den hohen Brennnesseln, müsste 30, 40 Gänge bis zum Rand machen, erst dann würde der Wildkörper frei stehen.

Einen ziehenden Hirsch, auch wenn nur knapp 60 Meter entfernt, zumal er durch ein Gewirr dürrer Zweige nicht ganz frei war, und trotzdem ich eine sichere Auflage hatte, zu beschießen, widerstrebte mir. Manchmal war lediglich ein Teil vom Träger sichtbar, dann erkannte ich kurz nur die Rückenlinie. Statt des Glases ruhte aber längst die Büchse auf dem Schießstock und ich verfolgte die Bewegungen des ziehenden Hirsches durch das Zielfernrohr.

Mitunter verhoffte er, dann war er einen Moment völlig verschwunden, tauchte wieder auf, war für Augenblicke frei, aber ebenso schnell wieder verdeckt. Zielstrebig folgte er dem Rudel.

Als er schließlich aus dem dichten Brennnesselwald trat, sein Blatt frei war, durchdrang ein bissig scharfer Knall die Erhabenheit des Morgens und augenblicklich war der Hirsch wieder verschwunden.

Während ich eine neue Patrone in die Kammer repetierte, schlug Jurec mir zuversichtlich mit aller Kraft auf die Schulter. „Hirsch kappuutt!"

Ich hatte kein Zeichnen beobachtet, der Hirsch war wieder halb verdeckt gewesen, als ich schoss. Jurec aber hatte deutlich erkannt, dass es ihn im Knall wie ein aufbäumendes Pferd vorne hochgehoben hatte, und wir vermeinten gehört zu haben, dass er nach mehreren krachenden Fluchten durch das Unterholz zusammengebrochen war.

Nach einer Zigarettenpause gingen wir hoffnungsvoll zu der Stelle, an der der Hirsch die Kugel bekommen hatte. Den Schießstock ließ ich als Orientierung dort, wo ich geschossen hatte, zurück, falls wir den Anschuss nicht sofort finden würden.

Durch tiefen Morast und hohes Gestrüpp arbeiteten wir uns vorwärts. Ich hatte dabei das Gefühl, es gäbe um uns herum nur noch eine unumschränkte Herrscherin: Die von Menschen unberührte Natur, als bewegten wir uns auf einem von Zivilisation und Technik nie entweihten Stück Erde.

Da durchfuhr mich ein eisiger Schreck: Von einer verkrüppelten Fichte hing ein abgeknicktes Ästchen herab, die Bruchstelle war frisch. Ein Blick zum Weg, von wo aus ich geschossen und den Schießstock stehengelassen hatte, bestätigte: Der Zweig war in Höhe des Hirsches durch meine Kugel abgefetzt worden. Doch dann Erleichterung: Einen halben Meter dahinter leuchtete auf gelbbrauner Nadelspreu hellroter Schweiß, und in den fast schulterhohen Nesseln führte uns eine breitgewalzte, rot benetzte Spur nach knapp fünfzig Metern zum verendeten Hirsch.

Inmitten vermodernder Stämme und eines fast undurchdringlichen Pflanzengewirrs lag er so versteckt in dieser urigen Landschaft, dass ich ihn erst entdeckte, als ich fast über ihn stolperte.

Die starken Stangen des gut zehnjährigen Hirsches waren mit Morast verklebt, nur über den dicken Rosen war etwas Perlung zu erkennen. Die linke Eissprosse war abgekämpft und die Krebsschere wirkte aus der Nähe noch auffallender, noch imponierender.

Etwas Besonderes an dem ungeraden Zehner war die rechte Stange, die außer dem langen Ende lediglich Aug- und Mittelsprosse hat. Noch heute bleibende Erinnerung an mein masurisches Jagdparadies.

Wer zu spät kommt ...

Aufregung ohne Beute

Die Rotwildbrunft im heimischen Revier in der Lüneburger Heide war ruhig verlaufen. Die Hirsche waren „faul", meldeten kaum, wahrscheinlich war es zu warm gewesen. Während in den Vorjahren Anfang September erste Nachtfröste die Wälder bunt gefärbt hatten und lautstarker Brunftbetrieb geherrscht hatte, blieb der Wald in diesem Jahr fast stumm.

Das Laub der Bäume zeigte sich noch in grünen Sommerfarben und nur einige Blätter der Ahornbäume ließen leichte Verfärbungen erahnen, obwohl bereits der Oktober Einzug gehalten hatte.

Ich hatte in Schlesien, in der ehemaligen Herrschaft des Fürsten Pleß einen kapitalen Hirsch geschossen, aber die Erlegungsgeschichte war wenig spektakulär. Am ersten Abend nach meiner Ankunft saß ich mit einem Begleiter an einer großen Wiese, auf die nach zehn Minuten der ungerade Vierzehnender mit vier Stücken Kahlwild trat. Nachdem wir uns fünf Minuten lang ein akustisches Duell geliefert hatten, zog er näher, mein Jagdführer drängte und ich schoss. Zwar erlebte ich danach noch herrliche Brunfttage, aber trotz des über neun Kilogramm schweren Geweihs wollte keine rechte Freude über die Erlegung aufkommen.

Kaum war ich wieder zu Hause, rief unerwartet Jurec aus Masuren an. Zu Beginn der Brunft hatten in seinem Revier Wölfe gejagt und das Wild vergrämt. Die Hirsche hatten verschwiegen, waren so heimlich geworden, dass Jagdgäste und Führer den Eindruck bekamen, es stände überhaupt kein Wild in der weiteren Umgebung. Jagderfolg und Erlös aus dem Jagdbetrieb waren entsprechend gering. Keine Abschüsse bedeutete keine Deviseneinnahmen für das Forstamt. Lediglich ein schwacher Hirsch war von einem Jagdgast erlegt worden.

Mit den letzten Jagdgästen zogen aber auch die Wölfe wieder fort.

„Machen gutte Preis", klang es aus dem Hörer des Telefons, ich konnte nicht widerstehen und machte mich erfreut über die unerwartete Einladung wieder auf die über Tausend Kilometer weite Fahrt nach Ostpreußen.

Im Dämmerlicht spiegelten sich die dunklen Waldkulissen links und rechts der Straße in den Seen wider. Kartoffelfeuer glühten und glimmten qualmend auf den Äckern. Sie weckten Erinnerungen an meine Kindheit, als auch bei uns noch nicht

mit schweren Maschinen auf riesigen Flächen geerntet wurde, als die Bewirtschaftung zwar noch harte körperliche Arbeit und Mühe für die Bauern bedeutete, sich bei mir aber in verklärter Erinnerung eine gewisse Romantik bewahrt hat.

Kein Hirsch meldete, als ich am Morgen nach unserer Ankunft gegen fünf Uhr in der Frühe vor dem Hauptgebäude des Forstgehöftes stand, den Wind prüfte und überlegte, in welches Revier ich gehen sollte. Mit angehaltenem Atem horchte ich in die Stille, während meine Blicke hinauf zum Großen Wagen, zur Kassiopeia, zum „Großen Jäger", dem Orion sowie den anderen ewigen Bildnissen aller unserer Sternennächte wanderten.

„Wenn der Hirsch seine Sprache wiederfindet, ist der Sommer vorüber", sagt eine alte Bauernweisheit. Der Sommer war längst dahin und die Hirschbrunft offenbar vorbei: Trotz angestrengten Lauschens hörte ich lediglich zwei Waldkäuze aus den Wipfeln der hohen Eichen rufen.

Ich pirschte zu einer eine halbe Stunde Fußmarsch von der Försterei entfernten Waldwiese, an deren Rand ich in vergangenen Jahren manchen Morgen und Abend ausgeharrt hatte, wartete auf den anbrechenden Morgen und hoffte auf das Austreten von Wild.

Als letztes Nachtdunkel und erstes Morgenlicht allmählich auseinanderflossen, ab und an aufgeregt eine Drossel zeterte und Kolkraben mit rauschenden Schwingenschlägen über die Kanzel hinwegstrichen, löste sich aus dem Dunst des milchigen Schleiers, der sich über die Wiese gelegt hatte, ein riesiger Schatten. Der Wind frischte ein wenig auf, die feuchtkalten Nebelschwaden wälzten sich fort und enttarnten einen junger Elch, der gemächlich am Waldrand entlang auf mich zuzog. Urtümlich wirkten die Bewegungen des schweren Wildkörpers, fremd, als gehörte der geringe Schaufler nicht in diese Landschaft. Wie ein Wesen aus einer längst vergangenen Zeit, das vergessen hatte zu sterben, schwebte er in und über den Nebelschwaden dahin, bis er von der dichten Erlenwildnis verschluckt wurde.

Die Sonne beleuchtete bereits die höchsten Baumspitzen am westlichen Waldrand, unaufhaltsam glitt das grelle Licht an der dunklen Baumkulisse abwärts, tauchte die grauen Bäume in herbstlich bunte Farben, dass die weißen Birkenstämme aufleuchteten, vertrieb letzte Nebelschleier und ließ auf einen wunderschönen, sonnigen Tag hoffen.

Zwei Rehe flüchteten über die Wiese. Wahrscheinlich waren Pilzsammler unterwegs, überlegte ich. Rehwild reagierte auf sie hier empfindlicher, wohingegen Rotwild, wenn Deckung vorhanden war, nur vor den Menschen fortzog, einen kurzen Bogen „schlug" und sobald die Störungen vorüber waren, in den alten Einstand zurückkehrte.

„Regulus ignicapillus“ – feuerhaariger kleiner König – lautet der wissenschaftliche Name des Sommergoldhähnchens. Tatsächlich schienen den Winzlingen, die über mir in den dichten Fichtenzweigen herumturnten, ein kleines Feuer auf dem Kopf zu brennen. Dass die kleinen Vögel ziemlich häufig vertreten sind, merkt nur, wer gut hören kann. Ihre hoch wispernden Stimmen hatte ich schon lange nicht mehr vernommen, befürchtete bereits, Goldhähnchen gäbe es nicht mehr. Vielmehr als die beiden kleinen Vögel präsentierte mir der Morgenansitz nicht mehr an Wildanblick.

Gegen acht Uhr schlenderte ich daher zum Forsthaus zurück. Weit entfernt schrien mehrere Hirsche, weckten Hoffnungen und Erwartungen für den Abend.

Bereits um 16 Uhr verließen Michail und ich die Försterei. Im „Herzen der Johannisburger Heide“ wird es morgens ungefähr eine Stunde früher hell, am Abend früher dunkel, als über tausend Kilometer westlich zu Hause.

„Wünschen heiße Flinte, Pan Harling“, verabschiedete uns einer der Holzförster und ich schmunzelte über den gut gemeinten Wunsch.

Auf dem Marsch zum Ansitz traten wir eine Schnepfe hoch. Mit den Schwingen klatschend, stand der braune Vogel auf und strich im Zick-Zack-Flug davon. Erstaunlich, dass selbst in schneereichen kalten und langen Wintern die Vögel mit dem langen Gesicht von hier nicht fortziehen.

Wir wählten eine Kanzel auf einem 200 Meter breiten Wiesenstreifen, der so lang war, dass man das Ende nur ahnen konnte.

In nördlicher Richtung, es mochten ein, vielleicht auch zwei Kilometer gewesen sein, schimmerten rote Ziegeldächer von Häusern eines einsam gelegenen Gehöftes oder entlegenen Dorfes. Wütendes Hundegebell hallte von dort herüber. Kühe untermalten mit ihrem Gebrüll die Idylle.

Bis 18 Uhr zeugten nur Hundegekläff und Muhen auf der Viehweide von der Anwesenheit tierischen Lebens, dann traten hundert Meter vor der Kanzel Alttier, Schmaltier und Kalb aus. Es folgte ein Hirsch. So stark kam er mir vor, dass mir beim Anblick ein Schreck in die Glieder fuhr. Das Fernglas aber brachte Ernüchterung: Ein junger, ungerader Zwölfer zog hinter dem Kahlwild her. Er war kurz vorher in der Suhle gewesen, seine Decke wirkte pechschwarz, deshalb sein Körper so gewaltig.

Während ich das Rudel durch das Glas betrachtete, quoll es links von uns förmlich aus dem Wald heraus: Neun Stück Kahlwild standen plötzlich 400 Meter entfernt auf der Wiese und im Bestand, unsichtbar für uns, meldete ein weiterer Hirsch. Zornig hallten seine Schreie zu uns herüber, so machtvoll, dass jegliches Brunftgeschehen um uns herum verstummte. Sein Röhren hörte sich anders an als das der anderen Hirsche, doppelt so laut, ich hatte das Gefühl, die Luft würde vibrieren. Michail und ich waren uns einig, dass es ein alter, jagdbarer Hirsch war, der sich bei diesem Licht noch nicht auf die freie Fläche hinauswagte.

Zum Ansprechen oder gar Schießen wäre er sicherlich zu weit entfernt gewesen und das Büchsenlicht reichte höchstens noch für eine halbe Stunde. „Auf Verdacht" stiegen wir deshalb von der Kanzel und schlichen geduckt zum Waldrand. Beide Rudel hatten uns nicht bemerkt. Das Kahlwild äste vertraut weit auseinandergestreut, ab und zu äugte eines der Stücke zum Bestand hin, wo der Hirsch meldete.

Kaum hatten wir die Deckung des dunklen Waldrandes erreicht, begann Michail zu rennen, vom Rudel fort, dann im großen Bogen gegen den Wind auf das Wild zu, in der Hoffnung, noch bei gutem Licht auf Schussentfernung heranzukommen.

Bei unserem Sprint durch hohes Kiefernholz kamen wir auf dick bemoostem Waldboden leise und schnell voran, erreichten eine mit Erlen bestandene Bruchwildnis, stolperten durch Moorlöcher und dichtes Brennnesselgewirr, über von Schilfgras verborgene Bulten und durch einen von Bibern angestauten Bach. Trotz der Kälte war ich klitschnass geschwitzt, Schweiß tropfte mir von der Stirn.

Nach zwanzig Minuten strammen Marsches schimmerte uns zwischen den Stämmen hindurch die große Fläche, auf der wir das Wild noch vermuteten, nun von der anderen Seite entgegen. Fast am Ziel angelangt, verlangsamten wir unser Tempo und erreichten einen grasbewachsenen Weg, der auf die Wiese zuführt. Dort konnten wir noch geräuschloser laufen und brauchten nicht angestrengt im Halbdämmern des Waldes auf den Boden zu starren, um trockene Zweige zu umgehen oder Löcher zu überspringen.

Wild war nicht mehr auszumachen. Schritt für Schritt tasteten wir uns vorwärts und verharrten nahezu ohne Deckung am Rand der freien Fläche. Ich stand unmittelbar hinter Michail auf dem Waldweg, damit das Wild nur wenige Konturen von uns eräugen konnte. Die kleinste, unvorsichtige Bewegung nach links oder rechts hätte mich verraten.

Als wir die Wiese mit unseren Ferngläsern ableuchteten, entdeckte ich ein Stück Kahlwild. Es hatte sich niedergetan. Aus dem knapp kniehohen, braunverdorrten Gras ragte nur das helle Haupt hervor, die Lichter waren starr auf uns gerichtet.

So unbeweglich wie wir angestarrt wurden, reagierten wir auch, verharrten reglos, stocksteif. Dabei erschienen weitere Lauscherpaare über dem Gras.

Minuten vergingen, schlichen dahin, ohne dass wir uns bewegten. Es war unmöglich, auch nur den kleinsten Schritt nach links oder rechts zu machen. Der Hirsch meldete regelmäßig vom Waldrand her. Schließlich zog er schreiend fort, ohne dass wir auch nur ein Haar von ihm erblicken konnten.

Um das ruhende Kahlwild nicht zu vertreten, legten wir im Zeitlupentempo vorsichtig den „Rückwärtsgang“ ein, trippelten in kleinen Schritten rückwärts, die Ferngläser vor den Augen, den Weg zurück und verharrten regungslos, sobald sich die Lichter eines der Tiere in Richtung der Waldschneise wandten.

Nach knapp fünf Minuten konnte uns das Rudel nicht mehr eräugen. Gedeckt durch dicke Kiefernstämme mit Fichtenunterwuchs, durften wir uns im mittlerweile dämmerigen Licht endlich wieder „normal“ bewegen.

Rechts im Wald schrie der Hirsch fast ohne Pause. Hätte er nicht immer wieder verhofft, wäre er längst in unseren Wind gezogen, so konnten wir, ohne ihn zu stören, die Pirsch abbrechen und unauffällig den Heimweg antreten.

Das Wetter schlug um, erst gegen sechs Uhr wurde es am nächsten Morgen allmählich hell. Tiefe, regenschwere Wolken hingen am Himmel, Dunstfahnen waberten wandernd, schwebend durch den Wald und über die Wiesen. Von den Bäumen tropfte es. Kein Hundegebell, kein Kuhgeblöke drang an unsere Ohren, selbst den Haustieren war das Wetter zuwider. Michail und ich lagen seit fünf Uhr im nassen Gras unter einer Birke an der Wiese, auf die am Vorabend das Rotwild ausgetreten war. Der Wind stand für uns günstig, doch die Fläche blieb leer. Kein Wild ließ sich blicken, kein Geräusch darauf schließen, dass Wild in der Nähe stand, kein Schrei Hoffnung aufkommen.

Kalte Feuchtigkeit stieg meinen Körper hinauf, das Wetter machte uns einsilbig und verdrossen. Gegen acht Uhr zogen wir resignierend zum Jagdhaus, ohne ein Stück Wild gehört, geschweige denn gesehen zu haben.

Der Abend verlief fast ebenso stimmungslos. Der Himmel blieb bedeckt, es war schwül. Früher als sonst brach die Dämmerung herein, schnell wurde es dunkel. Kein Hirsch meldete.

Dafür begann der folgende Morgen recht vielversprechend. Das Wetter schlug um. Es war kalt geworden, die Luft war klar, die Hirsche schrien, als befänden wir uns noch in der Hochbrunft.

Michail wollte mit mir zu einem Brunftplatz pirschen, an dem er einen alten ungeraden Vierzehnender bestätigt hatte. „Kucken anderes Hirsch“, beschwor er mich. Ich konnte ihn aber überreden, es wieder dort zu versuchen, wo wir in den letzten Tagen erfolglos gewesen waren.

Auf der großen Wiese stand kein Wild mehr, es war bereits eingezogen. Aus dem Wald erschallte in regelmäßiger Folge die uns so vertraute Stimme des Platzhirsches. Der Wind wehte uns entgegen, als wir uns auf einem breiten Gestell leise dem Brunftplatz näherten.

Plötzlich brach es im Bestand! Wütender Sprengruf näherte sich. Michail war, in der linken Hand sein Fernglas, in der rechten die Schießgabel, vor mir hergepirscht. Abrupt blieb er nun stehen, stellte die Zielgabel vor mir auf und bedeutete mir, in Anschlag zu gehen.

Die dünnen Handschuhe, die ich trug, damit mich meine leuchtenden Hände nicht durch eine hastige, unvorsichtige Bewegung verrieten, nützten nicht gegen die Kälte. Meine Finger waren eisig und klamm, als ich das Glas sinken ließ. Dann lag der Gewehrlauf ruhig in der Schießgabel, obwohl ich vor Aufregung zu zittern begann.

Über das Zielfernrohr hinweg stierend, ließ ich, jeden Augenblick den Hirsch erwartend, den breiten Weg nicht aus den Augen. Der Bewuchs stand aber sehr dicht, ich konnte ihn kaum einsehen, hörte lediglich, dass reger Brunftbetrieb herrschte.

Plötzlich donnerte aus dem Unterholz der Schrei des gereizten Platzhirsches und ein junger Hirsch flüchtete über den Weg.

Es war unmöglich gewesen, ihn in den wenigen Augenblicken, in denen er den Weg überfiel, sicher anzusprechen und sicher zu treffen. Für beides zugleich waren die Zeit zu kurz, der Hirsch zu schnell, der Weg zu schmal und ich zu langsam gewesen. Ich war daher ausnahmsweise froh, einen Führer neben mir zu haben. Der starrte, das Glas vor den Augen, bewegungslos die Schneise entlang.

Den Atem anhaltend starrte ich durchs Zielfernrohr und erwartete ebenfalls jeden Moment den Verfolger. Da hörten wir, wie sich der Hirsch entfernte. Meine Anspannung ließ nach, mein Pulsschlag beruhigte sich allmählich wieder. Doch schon geriet mein Körper erneut in höchste Alarmbereitschaft. Wieder vernahm ich Zweigebrechen und herausfordernden Sprengruf in unsere Richtung kommend. Der Wind wehte intensiven Brunftgeruch herüber und ich hörte die Gelenke des flüchtenden Wildes knacken, so nah war es gewesen.

Kurzer Augenkontakt zwischen Jagdführer und -gast, ein verständigender Blick genügte, schon starrte der eine wieder durch sein Fernglas, der andere über sein Zielfernrohr den Weg entlang, jeden Moment auf das Erscheinen des starken Platzhirsches gefasst. Doch der verstummte. Das Brechen im Bestand wurde lauter, dann überfiel wieder ein junger Hirsch den Weg. Die Zeit reichte gerade noch, um ihn als drei- bis vierjährig anzusprechen, bevor es erneut still um uns herum wurde, lediglich zwei Kleiber schimpften in den Baumwipfeln.

Die Ruhe währte aber nur kurz. Hundert Meter vor uns zog Kahlwild über das Gestell in den Bestand, in dem der Hirsch meldete. Kurz darauf verhoffte ein Tier auf dem Weg und äugte zu uns herüber. Ein Kalb folgte, querte den Weg und trollte, als sich das Alttier langsam abwandte und zurückwechselte, hinterher.

Der Hirsch schrie fast ohne Pause. Äste krachten, Wildkörper streiften an Zweigen entlang, ein Tier mahnte, der Bestand rechts des Weges geriet erneut in Aufruhr und gleichermaßen wurde ich vom Jagdfieber erfasst. Ein Tier trollte uns auf dem Weg entgegen, auf dem wir ohne Deckung aufrecht verharrten, ohne uns wahrzunehmen und verschwand.

Ich führte das Ochsenhorn an den Mund und bedeutete meinem Begleiter, dass ich dem Hirsch in die Dickung folgen wollte, entnahm aber seinen ablehnenden Gesten, dass er von der Idee nicht viel hielt. Ich zuckte nur mit den Schultern. Als ich vorsichtig lospirschte, neigte Michail seinen Kopf nahe an mein Ohr und flüsterte, dass das Jagen noch nie durchforstet oder geläutert worden sei. Es gäbe keine Blößen in dem großen Bestand, außerdem stände das Kahlwild weit verstreut und gewiss seien einige

Beihirsche in der Nähe, es wäre unwahrscheinlich, unbemerkt von dem vielen Wild an den Hirsch heranzukommen. Daher verwarf ich meinen Plan und hoffte auf das Erscheinen des Platzhirsches auf dem Weg.

Fast eine Stunde lang warteten wir, starrten reglos und konzentriert auf den Weg. Kündigte Sprengruf, ein überlautes „Ouah“ oder Knacken und Krachen an, dass Wild näher kam, ging ich in Anschlag, ließ die Spannung nach, entfernte sich der Spuk in der Dickung, richtete ich mich erlöst auf und Michail schaute entspannt zu mir herüber.

Abermals stieg mein Adrenalinspiegel an. Wieder senkte ich meinen Kopf auf den Schaft der Büchse und mein Jagdführer riss das Fernglas vor die Augen. Ganz nahe war Stangengeklapper zu vernehmen. Rotwild trollte aus der Dickung über den Weg oder strebte dorthin zurück.

Die Zeit verging spannungsgeladen, erst gegen neun Uhr, der Himmel hatte sich bezogen, es begann zu nieseln, kehrte allmählich Ruhe ein. „Unser“ Hirsch rief nur noch verhalten, ab und zu meldete sich eine andere brummende Stimme zu Wort, ein kurzer Trenzer oder faules Knören, dann herrschte endgültig Stille. Langsam schlichen wir fort.

Eine gute Stimme, das wussten wir durch leidvolle Erfahrungen aus den vergangenen Jahren, sagt nicht sicher etwas über Alter oder Stärke des Hirsches aus. Auf dem Heimweg versuchte Michail deswegen erneut, mich zu überreden, es am Abend auf den Hirsch im anderen Revierteil zu versuchen, zumal wir das Geweih von dem, der uns nun wiederholt genarrt hatte, nicht angesprochen hatten. Ich wusste nicht einmal, ob es ein Abschusshirsch war, aber ich blieb stur. Mein Jagdführer schaffte es nicht, mich umzustimmen, von seinem Plan zu überzeugen. Ich wollte wissen, was für ein Hirsch uns so lange an der Nase herumgeführt hatte.

Es regnete stärker und hörte bis zum Abend nicht auf. Selbst den Hirschläusen war das Wetter zu ungemütlich, um an uns herumzukriechen und uns zu piesacken. Das Gekrabbel, Jucken und Kitzeln hatte mich zeitweise etwas nervös und unkonzentriert gemacht, nun ließen mich die kleinen Quälgeister in Ruhe.

Gegen 17 Uhr schoben wir uns in die Dickung am Rand der großen Wiesenflächen, wo der Geisterhirsch in den letzten Nächten mit seinem Rudel gebrunftet hatte ein. Große Hoffnung auf Erfolg hatte ich aber nicht, denn die Witterung meinte es auch nicht gut mit uns.

Als die Dämmerung mit Riesenschritten die weiten Flächen betrat, erschien ein Alttier mit Kalb, beide Stücke zogen zügig zur Mitte der Wiese. Es folgten ein weite-

res Tier, ein Schmaltier, zwei Kälber und schließlich ästen elf Stück Kahlwild vertraut knapp fünfzig Gänge von uns entfernt.

Längst lag der Schaft meiner Büchse vor der Schulter, hasteten meine Blicke nervös am Dickungsrand rauf und runter und wieder ergriff mich das Jagdfieber, als aus dem Bestand dunkles Knören herüberschallte. Der Stimme nach war es „mein“ Hirsch!

Ich musste mich arg zusammennehmen, um stärkeres Zittern zu unterdrücken. Michail hockte ruhig neben mir und beobachtete den Waldrand durch sein Fernglas. Er schien meine Erregung zu spüren, schielte, ohne den Kopf zu drehen, zu mir herüber und grinste.

Das Kahlwild zog weiter fort, der Hirsch verstummte und als es stockfinster war, pirschten wir wortlos und enttäuscht wieder nach Hause.

In der Nacht regnete es ohne Unterlass und klarte auch am Morgen nicht auf. Wir hatten im quitschnassen Gras an den Wiesen gesessen, weder Anblick gehabt noch einen Hirsch gehört, schlenderten an der Abteilung, in der wir den Tageseinstand des Rudels vermuteten, entlang und wollten einen letzten, verzweifelten Versuch unternehmen, an den Hirsch heranzukommen.

Behutsam schlichen wir, wegen des Windes auf einem anderen Gestell, in den Einstand.

Plötzlich drang aus der Dickung ein uriger Schrei, eine tiefe, nein, DIE Stimme des Geisterhirsches! Wie versteinert blieben wir stehen. Zwanzig, höchstens dreißig Gänge entfernt dröhnte uns der elektrisierende Ruf entgegen und gleich danach noch einmal, noch lauter, noch näher.

Wie zu Salzsäulen erstarrt tauschten wir sekundenschnell einen Blick aus, ich machte zwei Schritte zum Wegrand, stellte hastig die Schießgabel vor mich, legte die Büchse hinein, während Michail, sein Glas vor den Augen, hinter mich trat und etwas Unverständliches raunte.

Es brach im Bestand, dann vernahm ich ganz leise, aufreizend nah, Stangenschlagen. Mein Herz pochte bis zum Hals, mein Blick war starr durch das Zielfernrohr auf den Weg gerichtet.

Es knackte wieder. Jeden Moment erwartete ich, dass der Hirsch austrat. Es fiel schwer, die Büchse ruhig zu halten.

Meine Augen tränten, das linke Brillenglas beschlug, ich konnte mein Jagdfieber kaum unterdrücken und zitterte. Wieder knackte es verräterisch wenige Gänge vom Wegesrand entfernt im dichten Bestand.

Und dann stand, nach einer kurzen, abgehackt wirkenden Flucht über den trockenen Graben, ein Hirsch auf dem Gestell. Gelassen äugte er zu uns herüber, dann in die andere Richtung, erhob sein Haupt und knörte missmutig.

Mir verschlug der Anblick fast den Atem. Die Stimme war unverkennbar: der Geisterhirsch! Jede Einzelheit im Geweih konnte ich erkennen, jedes Ende klar und deutlich ansprechen. Das gesamte Gesichtsfeld im Zielfernrohr wurde vom Wildkörper ausgefüllt, so nah war er. Klar stand das Absehen auf dem Blatt.

Vorsichtig schielte ich am Zielfernrohr vorbei. Die sanfte Bewegung meines Kopfes hatte der Hirsch nicht wahrgenommen, weil er in die uns entgegengesetzte Richtung äugte.

Dann wendete er sich wieder uns zu, sicherte, brummte gelangweilt, schrie noch einmal und bestätigte mit seiner Stimme erneut, dass er es war, dem wir so lange erfolglos nachgestellt hatten.

Schließlich zog er am Wegrand vertraut von uns fort.

Verunsichert schaute ich zu Michail und unsere Blicke trafen sich. Mein Begleiter zuckte resigniert mit den Schultern, er wirkte verzweifelt, wütend, böse. Ich aber konnte mir ein Lächeln nur schwer verkneifen, während sich der junge Sechzehnender langsam entfernte.

Es war ein Hirsch, noch lange nicht auf der Höhe seiner Kraft, höchstens vom sechsten Kopf. Ich erinnerte mich nicht, jemals einen so hoffnungsvoll veranlagten Rothirsch in freier Wildbahn gesehen zu haben.

Zwei nachdenkliche Augenpaare folgten dem zukunftsträchtigen Hirsch, das eine enttäuscht über die erfolglosen Jagdtage und verärgert über einen eigensinnigen Jagdgast, das andere voller Genugtuung und Freude über erfüllte, erlebnisreiche, spannende Ansitze und Pirschgänge am Abend und in den Morgenstunden.

Solange es Wölfe gibt …

Nebel, Nachbrunft doch kein Hirsch

Auffallend viele Geländewagen, in denen Männer saßen, deren einheitlich grün gefärbte Kleidung farblich zu den Autos mit deutschen Kennzeichen passte, kamen mir entgegen, Jäger, die aus Polen zurückkehrten.

Die Grenzabfertigung in Küstrin (Kostrzyn) war problemlos. Trotzdem kamen Erinnerungen an früher auf, als ich in kilometerlangen Schlangen stundenlang warten und mit umständlichen Formalitäten kämpfen musste.

Weiter ging es durch die schier endlos erscheinende reizvolle Oderbruchlandschaft aus Schilf und Wasser, über der riesige Flüge von Hunderten, nein Tausenden Gänsen kreisten.

Die Storchennester waren schon lange wieder verwaist und die Zeit der Pilzsammler war längst vorüber. Stattdessen standen Stiegen, Körbe, Eimer und Kisten gefüllt mit verlockend leuchtenden rotbäckigen Äpfeln am Straßenrand, herbstlich-bunt erschien die Flora.

Scharenweise hielten Kraniche vor ihrem Weiterflug in die Estramadura Nachlese auf den abgeernteten Äckern. Je weiter der Wagen nach Osten rollte, desto größer wurden die Ansammlungen. Waren es anfangs nur drei, vier der in Mythologie und Dichtung

verherrlichten Großvögel, wurden es immer größere Flüge und es hatte den Anschein, als begrüßten mich die ungezählten Gänse mit ihren heiseren, krächzenden Schreien: „Willkommen in Ostpreußen!"

Als die Försterei noch zwei Stunden Fahrt entfernt war, rief ich Jurec an und freute mich unbändig, als er vorschlug, den Abend der Ankunft noch zu nutzen, um zu jagen.

So blieb, nachdem ich das Quartier erreicht hatte, nur wenig Zeit zum „Umhosen", zum Wechseln der Kleidung. Und dann die zweite frohe Botschaft: Da mein Jagdführer kurzfristig erkrankt war und kein Ersatz gefunden werden konnte, durfte ich den Abend jagdlich allein nach meinen Vorstellungen gestalten. Des einen Leid, des anderen Freud.

Ich entschied mich für die Kanzel an der Grenze zwischen urigem Erlensumpf und einem kilometerweiten Wiesenstreifen, von der aus ich drei Monate vorher einen uralten Bock erlegt hatte. Sie stand zwischen Erlen und Birken versteckt, man konnte sie verlassen, um weiter entfernt austretendes Wild anzupirschen, ohne eräugt zu werden.

Irgendwo bellten Hunde, störten mit unaufhörlichem Gekläff den Frieden des Abends. Ab und zu unterbrach außerdem das Schrecken eines Rehes die Stille. Dort, wo ich im August den Alten geschossen hatte, trat ein junger Bock aus, kurz darauf wuselte ein Dachs über die Wiese.

Als es dämmerte, meldeten zaghaft zwei Hirsche. Mit zunehmender Dunkelheit steigerte sich das urige Konzert, kam aus allen Richtungen näher und als es fast finster war, trat weit entfernt, nur als dunkle Punkte durch das Fernglas auszumachen, Rotwild auf die Fläche. Die Stücke erschienen gleichgroß bis auf eines, das stärker und dunkler wirkte und ständig in Bewegung war. Mehrmals vernahm ich Sprengruf, danach tiefes Röhren, langgezogenes Knören, zu Beginn anschwellend, dann allmählich ersterbend, untermalt vom unermüdlichen Keifen einiger Hunde.

Da, Kugelschlag und Büchsenknall! Als Antwort kläffte eine ganze Horde von Hunden aus den weit entfernten Dörfern los.

Befriedigt verließ ich, als es stockdunkel war, die Kanzel und wanderte, begleitet vom Orgeln der Hirsche sowie wütendem Hundegebell, zum vereinbarten Treffpunkt.

Als mich bei der Rückkehr in die Försterei auch noch Jurecs Hannoverscher Schweißhund „Ali" geräuschvoll begrüßte, war mein Bedarf an Lautäußerungen der mir sonst recht lieben Vierläufer endgültig gedeckt.

Am nächsten Morgen pirschte ich mit meinem Jagdführer Kuba am Waldrand entlang dorthin, wo am Vorabend das Rudel ausgetreten war. Mein passionierter Begleiter war Forststudent von der Universität Posen (Poznan) und sprach fließend deutsch.

Es war fünf Uhr, bis zum Büchsenlicht würde es noch eine Stunde dauern, und vor uns schrie ein Hirsch ununterbrochen über die Wiese. Dazu kläfften zwei Hunde, als wollten sie mit dem König der Wälder in einen stimmlichen Wettstreit treten.

Wir standen hinter dicken Kiefernstämmen gedeckt, sechs bis sieben Meter vom Waldrand entfernt und beobachteten die noch im Dunkel liegende Fläche vor uns. Mit dem Nahen des Tages erkannte ich mehrere sich bewegende dunkle Punkte, die sich bald darauf als Rotwild entpuppten. 19 Stück Kahlwild und einen Hirsch, einen dünnstangigen Vierzehnender vom 6. oder 7. Kopf, zählte ich, als es heller wurde. Vertraut äste das Rudel auf uns zu und zog, begleitet vom Hundegebell und Schreien anderer Hirsche, 40 Gänge von uns entfernt in den Wald.

Allmählich war es taghell, das Röhren wurde vom Kreischen der Motorsägen übertönt und schließlich verstummten die Laute der Natur. Der Mensch übernahm mit seiner dröhnenden Technik den Wald, das Wild zog sich in die unwegsamen Gebiete zurück, wo kaum der Lärm einer Maschine den Frieden der Natur störte.

Am zweiten Abend saßen wir in einem anderen Teil des Reviers, lauschten bis es dunkel war und vernahmen nichts, nur ab und an bellte in weiter Ferne ein Hund. Sonst war es totenstill. Wir sahen kein einziges Haar.

Die Jagdführer waren sich darüber einig, dass ein Pack Wölfe durch die Johannisburger Heide zog, die Hirsche deshalb verschwiegen und alles Wild so heimlich war. Lediglich einen Marderhund bekamen wir auf dem Rückweg im Scheinwerferlicht des Autos am Rande der Schotterpiste zu Gesicht.

Noch lange standen wir vor der Försterei, rauchten, unterhielten uns im Flüsterton und lauschten, bis es zu regnen begann, weit und breit meldete kein Hirsch. Schließlich krochen wir ernüchtert in unsere Betten.

Als ich mit Kuba in der Frühe wieder losmarschierte, regnete es immer noch. Er wollte den Morgen auf einer der Kanzeln an einer großen Wiese erwarten, ich konnte ihn aber überzeugen, dass das Wild die riesigen Freiflächen gewiss längst verlassen hätte, sich in der Nähe der Einstände aufhielt und so pirschten wir am Rande des ausgedehnten Sumpfgebietes entlang, aus dem ich am Vortag eine gute Stimme vernommen hatte.

Außer dem leisen Rauschen des Regens waren weit und breit keine Laute zu vernehmen. Kein Wild ließ sich blicken, wir hörten lediglich Rehe schrecken und ein paar Hunde giften. Ein Grünspecht strich kichernd auf und verschwand zwischen den Kiefern, dann war es wieder trostlos still um uns herum.

Wir mochten anderthalb Stunden gelaufen sein, da brach es kurz und heftig kaum zwanzig Meter entfernt in den hohen Brennnesseln. Über dem dichten Bewuchs erschien das Haupt eines Hirsches, der zu uns herüberäugte. Wir standen ebenso bewegungslos wie er, wagten nicht, die Ferngläser vor die Augen zu heben, doch auch mit bloßen Augen erkannte ich, dass vor uns ein reifer Hirsch stand, den wir aus dem Bett hochgetreten hatten und der nun mit erhobenem Haupt unverwandt zu uns hersicherte. Gewiss hatte er anderes als den Geruch von Moos und sumpfigem Waldboden in seinem Windfang.

Dicke, dunkle, hohe Stangen, lange Augsprossen, eine angedeutete Krone links und lediglich eine kurze Mittelsprosse rechts konnte ich ausmachen. Vor Aufregung schlug mein Puls schneller. Ich traute mich kaum, Luft zu holen, atmete schließlich durch die Nase aus, weil mich der helle Dunst aus dem Mund verraten könnte. Mir war klar, dass der Hirsch bei der geringsten Bewegung von uns abspringen würde.

Erst war ich versucht, im Zeitlupentempo die Büchse von der Schulter zu nehmen, allmählich strengte es nämlich an, ruhig zu stehen, verwarf den Gedanken aber wieder, und dann befreite mich der Hirsch von weiteren Überlegungen. Er warf sich herum, prasselte davon und war verschwunden, zu schnell, als dass ich Gelegenheit gehabt hätte, das Gewehr von der Schulter zu reißen.

Wortlos schauten Kuba und ich uns an und stapften dann deprimiert durch den Regen zum Auto zurück.

Erst als wir langsam in Richtung Försterei fuhren, die Scheibenwischer hatten Mühe, die vom Himmel stürzenden Wassermassen zu bewältigen, legte sich unsere Enttäuschung und wir schmiedeten Pläne für die bevorstehende Abendpirsch.

Kuba wollte mit mir in den Revierteil Fichtenwalde (Uciany), doch ich bestand darauf, wieder dorthin zu gehen, wo wir dem alten Hirsch begegnet waren, hatte mir in den Kopf gesetzt, wenn ich einen Hirsch schieße, dann sollte es der und kein anderer sein.

Schweigend zogen wir an diesem diesigen Abend, an dem Nebelschwaden und Nieselregen unsere steten Begleiter auf ergebnisloser Pirsch und eintönigem Ansitz waren, nebeneinander durch die Bestände, in denen wir den alten Hirsch vermuteten, erblickten aber kein Wild weit und breit.

Zwar organisierten wir voller Begeisterung die nächsten Jagdtage, doch Kuba war recht einsilbig geworden. Ich merkte, dass ihm das schlechte Wetter genauso auf die Nerven fiel wie mir. Von Morgen zu Abend wurden wir schweigsamer, hingen in Gedanken den Ereignissen der letzten Tage nach, träumten von besserem Wetter und von Jagderfolgen. Erlebnisbereite Spannung wich der Resignation.

Bäume und Büsche trieften vor Nässe. Was wir machten, war kein Pirschen, sondern stupides Durch-den-Wald-laufen. Ich begann mit meinem Schicksal zu hadern. Jagd lebt von Erwartungen und Hoffnungen, die Ansporn und Ausdauer genug geben sollten, stundenlang bewegungslos und konzentriert zu verharren, geduldig und aufmerksam zu pirschen. Aber war das noch Jagd, was ich trieb: Stur, verbissen, ohne große Aussichten auf Erfolg hinter einem Hirsch herzuschleichen?

Zwei Dompfaffen flogen vorüber. Im Gegensatz zu ihren aufmunternden Farben passten ihre schwermütigen traurigen Pfiffe in die trübe Witterung und untermalten die sentimentale, melancholische Stimmung.

Zur Zeit der Hirschbrunft erfahre ich die Fülle der Natur und erfreue mich an ihr noch bewusster als in anderen Jahreszeiten. Mir wird zu dieser Zeit aber auch die Vergänglichkeit der Schöpfung bewusster. Für einen kurzen Moment gab ich mich auf dem Weg zurück zum Forstgehöft diesen und ähnlichen Gedanken hin.

Schließlich ging der Urlaub zu Ende, wir machten uns auf zu unserer letzten gemeinsamen Pirsch.

Als das Büchsenlicht schwächer wurde, kamen wir zu einer Wiese und verharrten schlagartig. Am gegenüberliegenden Waldrand bewegten sich dunkle Schemen, die wir erst durch unsere Ferngläser enttarnten: Drei, vier, fünf Wölfe lösten sich aus dem Schatten der Kiefern, trabten nach Westen, in die Richtung, aus der ich vor einer Woche gekommen war, und wurden vom Nebel aufgesogen, verschluckt.

Wortlos schauten Kuba und ich uns an. Die Grauhunde waren der Grund für die Unruhe im Revier, für das ständige Anschlagen der Hunde, das häufige Schrecken des Rehwildes und das Verstummen der Hirsche gewesen.

Leises, allmählich anschwellendes Trompeten in der Ferne kam näher, die Rufe vermischten sich mit rauschenden Schwingenschlägen und dann waren sie, noch in ungeordneter Formation, über uns: Kraniche, die Vögel des Glücks, auf ihrem Flug nach Westen. Je weiter sie sich entfernten, desto mehr nahm der Flug die typische keilförmige Form an.

Verträumt schaute ich den großen grauen Fliegern die mir dieses Mal kein Glück gebracht hatten, nach, bis sie nur noch als kleine Kreuze und dann als winzige Punkte in der blassblauen Unendlichkeit am dunklen Himmel zu erkennen und ihre Rufe nicht mehr zu hören waren. Am nächsten Morgen würde ich auch in die Richtung ziehen müssen!

Ich verharrte schweigsam, sinnend, ließ mich vom Farbenspiel der untergehenden Sonne verzaubern und dachte an das Ende von Eichendorffs „Aus dem Leben eines Taugenichts“: „…und es war alles, alles gut.“

IN BULGARIEN

Zwischen Orient und Okzident

Stimmung, Spannung, starke Stangen

Im Land der starken Rothirsche existierten bis Mitte des vergangenen Jahrhunderts kaum nennenswerte Wildbestände, auch Rotwild war nahezu ausgerottet worden. Ein Drittel des Landes zwischen Orient und Okzident ist mit Wald bedeckt, große Teile sind nie forstwirtschaftlich genutzt worden. Dort, in den zum Teil unwegsamen Urwäldern des Rhodopen- und Balkangebirges, hatten Restpopulationen sich zurückgezogen und überlebt. Nach dem Zweiten Weltkrieg leitete die bulgarische Regierung eine gewaltige Wiederansiedlung verschiedener Wildarten ein. Riesige Wildwirtschaftsbetriebe wurden eingerichtet, von denen das Wild in staatliche Jagdwirtschaften ausgesetzt wurde.

Bulgarien war lange Zeit für viele Touristen nur ein billiges Urlaubsziel an der Schwarzmeerküste. Im Zuge des EU-Beitritts dominierten Assoziationen eher düsterer Natur wie Korruption, organisierte Kriminalität etc. die Schlagzeilen bei uns. Dazu kam der Skandal um den „Weltrekordhirsch Burlei", dessen Liquidierung im Gatter durch einen deutschen Jäger ebenfalls keine Werbung für die Balkanhalbinsel in Südosteuropa war.

Aber eine „wildfreundliche" Forstwirtschaft, in der jährlich Tausende von Hektar Eichen auf den Stock gesetzt werden, um Laubäsung und Deckung zu bieten, bewirkt, dass Hirsche und Keiler Wildbretgewichte bis zu 300 Kilogramm erreichen.

Derzeit dürfen in Bulgarien 18 Säugetier- und 20 Vogelarten bejagt werden. Was zu kommunistischen Zeiten als elitäres Freizeitvergnügen der Parteispitze galt, ist heute „normales" Geschäft und bringt viele Devisen ins Land.

Die Hirschbrunft in Deutschland war bereits vorüber, als ich kurzfristig die Einladung zu einer „Testjagd" auf den Balkan erhielt. Kein gewöhnlicher Jagdtourismus „Geld gegen Abschuss", sondern die Besichtigung verschiedener Reviere stand auf dem Programm.

Natürlich aber wollte ich auch jagen. Mir wurde das 1932 von Boris III. zum „Zarenjagdgebiet" erklärte, 11 000 Hektar große Revier Palamara, 350 Meter über dem Meer gelegen und leicht hügelig, zugeteilt.

Seit Monaten hatte es nicht geregnet, die Sonne brannte vom wolkenlosen Himmel, es war brüllend heiß. Das trockene Laub raschelte laut unter unseren Schritten, als ich noch vor Tagesgrauen den ersten Pirschgang mit einem einheimischen Jäger antrat.

Das Licht des abnehmenden Mondes drang kaum durch das dichte Astgewirr der alten Eichen auf den dunklen Waldboden, nur hin und wieder fand es einen Weg durch die Baumkronen und gespenstische Schatten tanzten dann über den Erdboden dahin, wirkten geisterhaft, unheimlich, beflügelten die Phantasie.

Erschrocken fuhr ich zusammen, eine Rotte Sauen ging grunzend und quietschend vor uns ab, verhoffte noch einmal kurz und brach endgültig fort.

Drei-, vierhundert Meter entfernt meldeten zwei Hirsche. Der Wind stand für uns zum Angehen günstig. Schritt für Schritt näherten wir uns daher dem Brunftkonzert, doch, aus welchen Gründen auch immer, es verstummte abrupt. Bange Minuten vergingen, aufmerksames Lauschen – Hoffen. Wind konnte das Wild von uns kaum bekommen haben. Während wir uns unschlüssig ansahen – wir konnten uns ja nur durch Zeichensprache verständigen – begann die „Musik" von neuem – aufatmen, Erleichterung. Zügig setzten wir unsere Pirsch fort.

Es galt nun, einen zwei Meter hohen Maschendrahtzaun zu überwinden und einen großen Wildacker ohne Deckung zu überqueren. Auf der anderen Seite stand uns der gleiche Balanceakt über den hohen Draht noch einmal bevor, dann konnten wir uns den beiden Hirschen relativ schnell und problemlos nähern. Bald trennten uns höchstens noch 50 Meter von ihnen. Brunftgeruch stach mir in die Nase und ich hörte, wie die Rivalen zornerfüllt mit ihren Geweihen Büsche und Bäume bearbeiteten.

Das beginnende Tageslicht war noch nicht bis zu uns gedrungen, noch war es dämmerigdunkel um uns herum, aber für einen sicheren Schuss gegen hellen Hintergrund würde es ausreichen. Mein Pulsschlag beschleunigte sich, als ich einen Wildkörper ausmachte. Knapp vierzig Gänge vor uns stand ein starker Hirsch, in der Krone seiner linken Stange erkannte ich fünf lange, blitzende Enden.

Der Kapitale hatte nichts von unserer Anwesenheit bemerkt. Er schleuderte seinen Kampfruf wütend in die entgegengesetzte Richtung. Danach schmetterte er ein langgezogenes, tiefes „Ouuaaa!" hinaus. Ich hatte den Eindruck, jedwede Kreatur im herbstlichen Wald würde daraufhin verschweigen. Welch ein Bild – eindrucksvoll, mitreißend, faszinierend, unvergesslich! Ein Rothirsch der Superlative – Ergebnis eines einmaligen Biotops, bester Anlagen und vor allem eigner Gewitztheit und Erfahrung, sich dem Zugriff gieriger Zweibeiner zu entziehen. Aber auch ein Produkt menschlichen Wirkens. Es ist ja ohne Zweifel, dass die „optimale" Trophäe unter biologischen Gesichtspunkten anders aussieht, anders wächst, als durch menschliche „Zucht" und „Schönheitsideale", nach unseren Kriterien als schön, edel o. ä. bewertete Geweihe oder Gehörne.

Mein Führer gab mir ein Zeichen zum Schießen, aber mich beutelte das Jagdfieber so stark, ich war von dem gewaltigen Anblick so aufgewühlt, dass ich am ganzen Körper zitterte. Mehrmals musste ich tief durchatmen, um wieder ruhiger zu werden. Als der Büchsenlauf endlich reglos in der Schießgabel lag, stand der massige Wildkörper nicht frei, es gab trotz der geringen Entfernung keine freie Stelle in dem dichten Gestrüpp, an der ich eine sichere Kugel hätte antragen können.

Und dann wendete sich der Hirsch unvermittelt ab und trollte von uns fort. Fast verzweifelt schrie ich ihn an – und er reagierte, zog zornig rufend bis auf dreißig Meter näher, war nun aber vollends verdeckt. Ich sah seinen hellen Atem, glaubte, die stoßweise nach jedem Schrei erscheinenden Wolken zu riechen, meinen Blicken jedoch blieb der Kapitale verborgen. Sekunden-, minutenlang standen wir uns nur eine gute Schrotschuss-

entfernung gegenüber, dann zog der Recke röhrend wieder fort, wendete sich zwar auf mein Rufen und lautes Schlagen mit einem trockenen Zweig gegen kleine Büsche noch einmal in unsere Richtung, stand aber nicht mehr zu.

Wohl fünfzig Meter entfernt hörte ich noch zweimal seine wütende Antwort auf mein Schreien, aber mein Ruf klang gegen diesen kraftvollen tiefen Bass kläglich wie ein mittlerer Bariton. Erneut bewegten sich Äste vor mir. Mein Herz pochte schneller, dann herrschte Ruhe, endgültige Stille. Kein Hirsch rief, kein Vogel sang, nur in der Ferne blökte ein Esel. Das Rotwild zog sich beim ersten Büchsenlicht in die dichten, sicheren Einstände zurück.

Einzelne gelbe Birken und Akazien, rotleuchtende Hagebuttenbüsche und sich langsam verfärbende Eichen, die der faszinierenden Landschaft zwischen Donau und Schwarzem Meer ihren besonderen Stempel aufdrücken, kündeten an, dass der Herbst begann. Es wurde warm, fast unerträglich heiß, und wir schlenderten schweigsam zurück zum Jagdhaus, vorbei an lichten Kiefernwäldern und mit Haselnusssträuchern gesäumten Bächen.

Ein Rehbock sprang vor uns ab. Zwischen den Lauschern blitzte, so erschien es, ein Gewirr aus starken Stangen und langen Enden. Hier gab es nicht nur gute Rothirsche, die Eichelmast brachte auch kapitale Böcke hervor.

Vor dem Jagdhaus lag ein am Morgen erlegter kapitaler Rothirsch (Geweihgewicht 11,9 Kilogramm) zur Strecke und ein anderer Jagdgast erzählte, er habe einen starken Keiler schon im Fadenkreuz seines Zielfernrohrs gehabt, als dieser mit einem Riesensprung von der Böschung in die randvoll mit Wasser gefüllte Suhle sprang – ein urkomisches Bild. Bei den Temperaturen – die Quecksilbersäule sank auch nachts kaum unter dreißig Grad – konnte man Verständnis für das Verhalten des Bassen haben.

Nach ausführlicher Lagebesprechung beschlossen wir, am Abend mit dem Pferdewagen zu „pürschen". Es wehte ein strammer Wind, vom Schwarzen Meer zogen Wolken heran, ein Wetterumschwung kündigte sich an.

Gegen 16 Uhr brachte mich ein Auto bei glühender Hitze vom Hauptjagdhaus zum vereinbarten Treffpunkt in einem zehn Kilometer entfernten Revierteil. Maisfelder, zum Teil schon abgeerntet, säumten die Straße. Auf den Tabakfeldern arbeiteten zahllose Menschen und kleine Eselskarren begegneten uns bei unserer Fahrt auf der holprigen Asphaltstraße.

45 Jahre Kommunismus haben ihre Spuren auch in den Köpfen der Menschen hinterlassen, besonders auf dem Land erinnert das Leben teilweise noch an vergangene Jahrhunderte.

Schließlich erreichten wir den Treffpunkt. Ein kleiner eisenbeschlagener Panjewagen mit einem müde dreinschauenden Pferd an der Deichsel und einem gemütlich wirkenden Kutscher erwarteten uns. Der Mann priemte und rauchte gleichzeitig und hustete und spuckte sich zur Begrüßung fast die Seele aus dem Leib.

Aufgrund der Sprachschwierigkeiten fielen nicht viele Worte, schon bald holperte der Wagen quietschend über den harten ausgedörrten Boden eines Waldweges, begrenzt von Hainbuchen, die sich mit herbstlich leuchtendem Ahorn, bunten Ulmen und noch kaum verfärbten Linden abwechselten.

In flotter Fahrt rumpelte der Karren durch die kühler werdende Abendluft. Vor uns huschte ein Goldschakal über den staubigen Weg. Der Führer, freudig seine Peitsche wie ein Gewehr an der Schulter angeschlagen, trieb sein Pferd an und verfolgte ihn ein paar Meter mit dem Wagen. Seinem Gestikulieren entnahm ich, dass er den kleinen Räuber gern erlegt hätte. Der Waldboden war fast schwarz, der Unterwuchs beinahe undurchdringlich: fruchtbarer Boden.

Dann hielten wir an. Um uns herum meldeten bereits einige Hirsche, links, rechts, vor und hinter uns hallte bald darauf ein Orgeln und Röhren durch den Wald, wie ich es in dieser Intensität nie vorher gehört hatte. Das Pferd kaute genüsslich am Zaum und ich lauschte gespannt dem zunehmenden, vielstimmigen Brunftgeschehen, auch wenn es sich in weiter Ferne abspielte.

Am Wegrand sang eine Goldammer, blaue Kornblumen, gelbgoldene Königskerzen und weiße Kamille erfreuten das Auge, ich nahm es nur oberflächlich wahr, lauschte stattdessen begeistert dem Brunftkonzert um uns herum.

Da nickte mein Führer mir zuversichtlich zu. Dicht vor uns meldete an einer Waldkante ein Hirsch. Da wir ihn nicht sehen konnten, versuchte ich ihn mit dem Ruf aus der schützenden Deckung zu locken, machte ihn aber nur wütender, die Büsche und Bäumchen litten unter den Schlägen des Geweihs, dann zog er fort und verschwieg.

Rechts von uns erklang plötzlich die Stimme eines anderen Hirsches, ich antwortete sofort und tatsächlich, das Rufen kam langsam und stetig näher. Der Hirsch schien auf uns zuzuziehen. Ich wollte vom Wagen springen, aber mein Begleiter hielt mich zurück. Im Zickzack, immer wieder den alten Eichen ausweichend, lenkte er sein Pferd geschickt durch das Stangenholz in die Richtung des meldenden Hirsches. Dieses Manöver war mir fremd, aber andere Länder, andere Sitten! Ich war skeptisch, bis der Führer aufgeregt mit der Peitsche nach links zeigte, wo uns, kaum fünfzig Gänge entfernt, ein kapitaler Kronenhirsch vertraut anäugte. Er machte keine Anstalten, abzuspringen. Sein Geweih mit den fast armstarken, vielendigen Stangen wirkte wegen der hellen Spitzen wie ein Weihnachtsbaum.

Etwas weiter entfernt standen drei Stück Kahlwild, die in uns auf dem rumpelnden Karren offensichtlich keine Gefahr für sich erkannten. Erst als der Wagen hielt, warfen sie auf und trollten, den Hirsch in ihrer Mitte stets gedeckt, durch den lichten Bestand davon.

Ich war vom Anblick des Kapitalen noch ganz erfüllt, als wir langsam wieder zurückfuhren. Es wurde neblig und die Stimmung erinnerte mich an zu Hause während der Brunft des Rotwildes.

Es wurde kühler. Angespannt lauschte ich in die anbrechende Dämmerung. Die Hirsche meldeten nur noch vereinzelt, hier und da war lediglich zaghaftes Knören oder ein müder Trenzer zu vernehmen. Die Geräusche des quietschenden Wagens, das Rumpeln der eisenbeschlagenen Räder, das vertraute Schnaufen und der Geruch des Pferdes wirkten nach den vergangenen erregenden Stunden beruhigend auf mich.

Die nächsten beiden Tage bescherten weniger Anblick als erhofft. Der Nebel verzog sich morgens erst spät, wenn die Hirsche bereits in den schützenden Tageseinständen standen, waberte abends schon über den Wiesen und schlich in den Schneisen entlang, bevor das Wild austrat.

Am vierten Tag unseres Aufenthaltes saß ich abends mit einem bulgarischen Jäger an einem Gestell, als knapp 120 Gänge entfernt Kahlwild über die Schneise zog. Im Troll folgte ein starker Hirsch. Hohe, dunkle, offenbar kronenlose gewaltige Stangen konnte ich ausmachen, dann war der massige Wildkörper wieder verschwunden. Würde er die Richtung beibehalten, müsste er auf der Schneise rechts von uns wieder zum Vorschein kommen. Die Büchse im Voranschlag, konzentrierte ich mich ganz auf diese Schluppe.

Bange Minuten vergingen, dann erschien ein Tier, es folgten Kalb, Schmaltier, ein weiteres Alttier und danach der Hirsch. Durchs Zielfernrohr erkannte ich, dass er alt war und keine Kronen hatte. Ruhig zog ich den Abzug durch, der Hirsch quittierte meinen Schuss mit einer hohen Flucht und brach am Rande der Schneise verendet zusammen.

Kurz darauf, ganz in der Nähe, der zornige Sprengruf eines anderen Rothirsches, eines ehemaligen Rivalen? – „Der König ist tot – es lebe der König!“

Der Nebel hatte sich verzogen, die ersten Sterne funkelten am klaren Firmament, als ich zu dem Gestreckten trat. Ein hochkapitaler Achter lag vor mir, neun oder zehn Jahre alt mochte er sein, das Geweih wog, wie sich später herausstellte, fast acht Kilogramm. Ich war glücklich.

Sehr viel später wurden vor dem Jagdhaus Fackeln entzündet, um dem Wild, wie es heißt, die letzte Ehre zu erweisen. Makaber? Wohl eher ein Zeichen unserer Wohlstandsgesellschaft und des wachsenden Jagdtourismus. Die Gastjäger aus Deutschland ließen sich nur kurz an der auf Fichtengrün gebetteten beeindruckenden Strecke blicken, um dann zum „Après-Chasse" die Bar zu stürmen.

Ich harrte aus, bis die Fackeln verlöschten, träumte und beobachtete die bulgarischen Jäger. Sie hatten gelacht, getrunken, bewunderten und gratulierten den Jagdgästen so lange sie am Feuer standen und mit der Vergabe von Trinkgeldern nicht kleinlich waren, bis sich auch der letzte Gast ins Jagdhaus zurückgezogen hatte.

Die an der Strecke zurück gebliebenen machten einen nachdenklichen Eindruck. Ob die Einheimischen die Mentalität der deutschen Jäger verstehen?

Die Fackeln verlöschten allmählich. Die langen Schatten, die die starken Geweihe an die weiße Wand des Jagdhauses warfen, wurden kürzer und schwächer. An den Wänden zu Hause über den Kaminen der Erleger werden sie mit der Erinnerung wieder wachsen.

IN NORWEGEN

Zwischen Eis und unter Gletschern

Bunte Wälder, kalte Nächte, raue Schreie

Oktober, die Hauptreisezeit war längst zu Ende. Die letzten warmen Tage und ersten kalten Nächte, die Zeit, in der das Licht kürzer und die lange Dunkelheit das Geschehen des Landes bestimmten, in der Mensch und Natur sich wieder näherkamen, verzauberten Norwegens Bergwelt in eine buntschillernde Märchenlandschaft. Nach der blühenden Pracht des Frühlings und des Sommers erlebte das Land zum dritten Mal einen Rausch der Farben.

Es war meine zweite Reise nach „Norge". Vor vielen Jahren war ich mit einer Gruppe deutscher Jäger am Hardanger Vidda auf Rentierjagd gewesen.

Das Autoradio meldete damals auf der Fahrt nach Kiel Windstärke 8. Es war kalt, regnerisch, das Wetter änderte sich auch auf der Überfahrt nach Oslo nicht. Während meine Begleiter über Seekrankheiten witzelten, stieg ich aufs Deck der schwankenden Fähre, versuchte mir vorzustellen, wie die alten Wikinger in ihren primitiven Booten unter weitaus schlechteren Bedingungen hier langgeschippert waren. Was für ein hartes, wagemutiges Volk muss es gewesen sein und wie schnell haben die nachfolgenden Generationen die Fähigkeiten verloren, dem Wind, den Wellen und der See, ja allen Naturgewalten die Stirn zu bieten.

Während wir zum Fossli Hotel am Hardanger Fjell fuhren, regnete es ununterbrochen.

Nach der Ankunft schossen wir unsere Büchsen an. Die norwegischen Bestimmungen verlangten, drei Schüsse auf hundert Meter in fünfzehn Quadratzentimetern zu platzieren.

Später folgte ich eine Stunde lang einem steilen Pfad durch Birkengestrüpp, das der Frost in eine farbenprächtige Kulisse verwandelt hatte. Die niedrigen Bäumchen wurden, je höher ich kam, spärlicher, schütterer, ihr Wuchs noch kümmerlicher und je ärmer sich die Natur zeigte, desto mehr Schweiß rann mir von der Stirn. Blau-, Krons- und Moosbeeren sowie Steinpilze verführten dazu, den Rucksack zu füllen.

Bald beherrschten Basaltblöcke die karge Landschaft, der Horizont weitete sich, die Augen konnten in die Ferne schweifen. Ich erreichte ein mehrere Quadratkilometer großes Hochplateau, bedeckt von einem Teppich aus Blau- und Preiselbeeren, klaren Seen und riesigen Felsbrocken. Einen von ihnen wählte ich als Ansitzplatz.

Die Natur wirkte tot, war aber voller Leben. Kurzes Gras, würzige Kräuter, dichtes Moos, schnarrend abstreichende Schneehühner, die, nachdem sie wieder zu Boden gingen, unruhig an den Preiselbeerblättern zupften und dabei in ihrer wunderbaren Schutzfarbe vor den schmutzigen Schneeresten auf dem aperen Boden kaum zu unterscheiden waren, belebten das Landschaftsbild. Es gehörte ein scharfes Auge dazu, sie in ihrer Tarnfärbung in der schroffen Felsenwelt auszumachen.

Wolken quälten sich Richtung Norden, zwischendurch blinkte die Sonne freundlich. Der Gletscher strahlte je nach Beleuchtung abweisend und feindlich, verheißungsvoll oder majestätisch und verlockend herüber.

Immer wieder hielt ich inne und machte mir die Wildheit dieser schroffen Felsenwelt bewusst. Die Geröllhänge, die feuchten Felswände an denen kärgliches Leben sprießte, das Brausen des Flusses, der schäumend zu Tal stürzte, all die anderen Naturgewalten und das wabernde Nebelmeer zu meinen Füßen nahm ich mit allen Sinnen in mir auf.

Als ich nach Einbrechen der Dunkelheit am verabredeten Treffpunkt eintraf, hatte zwar niemand von unserer Gruppe ein Ren gesehen, aber alle waren zufrieden und strahlten über das blaue Gebiss, jeder hatte massenweise Blau- und Moosbeeren genossen.

Der nächste Tag brachte erst Regen, Eis, Hagel, Schnee, dann Schnee, Hagel, Eis, Regen. Mit einem Messtischblatt auf meinen Knien fuhren wir über zehn Kilometer Richtung Gletscher und stiegen dann zu einem Hochplateau mit vielen kleinen Seen auf. Eisiger Wind wehte uns entgegen. Ich fand schließlich Schutz unter überhängenden Felsbrocken und harrte dort sieben Stunden aus: Kein Ren, nur Schnee- und Regenschauer und in der Ferne leuchtete der Gletscher.

Am nächsten Tag pirschte ich Richtung Norden, schwenkte an einem kristallklaren See nach Osten und folgte einem markanten Touristenpfad. Nach weiteren zwei Stunden stieß ich auf vier neue Holzhäuser. Der Wegbeschreibung nach sollte mir hier eine alte Hütte als Unterschlupf dienen. Über Funk fragte ich bei den Kameraden nach. „Du hast Dich verlaufen", kam die Antwort aus dem kleinen schwarzen Kasten. Fünf Stunden hätte ich durch sumpfige Moore und dichte Heide zurückstapfen müssen.

Nach zwei Stunden hörte ich aber über Funk, ich sei doch am richtigen Treffpunkt gewesen. Unser Führer hatte nicht gewusst, dass die alte Hütte „Junge" bekommen hatte, dass an dem Platz mehrere Holzhäuser gebaut worden waren. Also ging es über steile Berge und durch tiefe Flüsse wieder zurück.

Es war lange dunkel, als ich endlich wieder bei der Hütte ankam und auf die anderen Jäger traf. Wir waren körperlich am Ende und schnarchten bald in verschiedensten Stimmlagen dem kommenden Jagdtag entgegen.

Nach der Devise „lieber eine Stunde zu früh als zehn Minuten zu spät", waren wir bei Tagesanbruch unterwegs zu einem der größten Gletscher Europas. In der bizarren Felslandschaft, unterbrochen von lieblich anmutenden Bergseen in unberührter Natur deren Wachstum nicht durch Hauungspläne bestimmt wird, hatte die Zivilisation noch nicht ihr Gift verspritzt, ihr Unwesen getrieben.

Abends traf ich einheimische Jäger. „Warum lauft Ihr so weit?", fragten sie. Sie hatten nahe der Hütte drei Rentiere erlegt, am nächsten Tag schoss ich nach zehn Minuten Fußmarsch einen guten Hirsch – meine Liebe zu Norwegen erwachte und ist geblieben.

Das war 1980. Damals entdeckte ich meine Schwäche für Skandinavien und war sicher, wenn es noch ein jagdliches Paradies in Europa geben sollte, dann war es dort und es zog mich wieder nach Norge.

Auf der Strecke vom Flughafen Solana zum Landhaus meines Jagdfreundes mussten wir das Auto zurücklassen, in ein Boot umsteigen und eine halbe Stunde durch die Fjorde schippern bis wir das Farmhaus an einer der unzähligen Buchten erreichten. Die Silhouetten der Felsen an den zerklüfteten Ufern stimmten mich wieder auf das wunderschöne Land ein.

Dort lebte der Besitzer und Jagdherr inmitten seiner vierzigtausend Hektar und mich erwartete eine der besten Rotwildjagden Norwegens an der Westküste des Landes.

Im Garten verströmte noch Jelängerjelieber seinen süßen Duft, die Astern blühten und Rosen sorgten an den Wänden der roten Holzhäuser für abwechslungsreiche Farbtupfer.

Der Himmel war bedeckt. Es nieselte, als am nächsten Morgen die Jagd beginnen sollte. Alles, was man für einen vier- bis fünftägigen Jagdaufenthalt in der Wildnis benötigt, war in Jutesäcke verstaut, auf dem Rücken von zwei Pferden festgezurrt und wir zogen steil bergan durch die gewaltige, atemberaubende Fjordlandschaft. Von den Bergen leuchtete der Schnee. Sechs bis sieben Monate im Jahr hält er sich dort, weiter höher liegt er ewig, seit Jahrhunderten, Jahrtausenden. Zwischen den dunklen Fichten zeigte sich die erste Herbstfärbung der Laubbäume. Birken trugen noch ihr herbstlich gelb verfärbtes Laub,

Weiden waren noch grün, ungewöhnlich für diese Jahreszeit. Wo man hinschaute, hinhörte war Wasser, es rauschte von den Bergen, donnerte über die Steine, rieselte verborgen im Gras hinunter, quatschte unter den Gummistiefeln, leuchtete im Tal als ruhige Fläche oder durch Wind und Schaumkronen aufgewühltes Meer.

In der Ferne stürzten Wasserfälle vor den schroffen Felsen herab. Der Anblick blieb mir unvergessen: Sie durchzogen die steilen Hänge als schmale weiße Streifen und im Tal angelangt, versprühten sich die Wassermassen in Gischt und gleißenden Schleiern, überwarfen sich ein letztes Mal in hoch aufstiebenden und bald in sich zusammenfallenden Fontainen.

Kilometer um Kilometer stapften wir steil bergauf hinter den beiden Packpferden her.

Über weiches Moos, durch braunen Farn, über Bäche, Flüsse und Rinnsale sprangen wir, kreuzten immer wieder Rotwildfährten, die trotz des trüben Wetters unsere Hoffnung auf erfolgreiche Jagdtage steigerten.

In der Einsamkeit sang kein Vogel mehr. Das Klappern der Pferdehufe an den Steinen und das ewige Rauschen der Wasserfälle waren die einzigen Geräusche, die unseren schweigsamen Marsch begleiteten. Hohe Felswände, tiefe Schluchten, urtümliche Natur und Wildnis umgaben uns. Hier konnte Wild noch ungestört seine Fährte ziehen.

Je höher wir stiegen, desto mehr zeigte sich der Herbst. Die kümmerlichen, wenigen Bäume wurden kahler, das Laub bunter und farbiger. Durch die reine Luft gediehen Flechten und Moose hervorragend. Die Stämme alter Baumveteranen waren übersät mit den kleinen grauen Pflänzchen.

Plötzlich blieb Jens, mein Vordermann, abrupt stehen und zeigte nach oben, dort wo die Schneegrenze begann, wo unsere Jagdhütte stand. Durch das Donnern der Wassermassen hatte auch ich gehört, dass dort irgendwo ein Hirsch geschrien hatte. Noch waren wir sieben, acht Kilometer von unserer Behausung entfernt, aber die Rotwildfährten im weichen Boden mehrten sich, immer öfter hörten wir von den Höhen Hirsche rufen.

Endlich bei der Hütte angekommen, hielten wir uns nur kurz auf, nahmen den Pferden ihre Last ab und während sie wieder zurückgeführt wurden, zogen wir zu einem See, ruderten in zwei leichten Holzkähnen unter den Kuppen der schneebedeckten Gipfel, die sich in der klaren Wasseroberfläche widerspiegelten, hinüber zur anderen Seite. Die ersten Fröste hatten das schmalblättrige Weidengestrüpp am Ufer bereits rötlich gefärbt.

In dem eisigen Gletscherwasser lebten zu meinem Erstaunen Fische. Ab und zu bildeten sich kleine Ringe auf der stillen Oberfläche, vergrößerten sich und verzerrten die schönen Spiegelungen auf fast harmonische Art.

Auf einem klaren Fluss, der in den See mündete, glitten wir weiter durch die gigantische Bergwelt, vorbei an gewaltigen, moosbewachsenen, grün leuchtenden Felsbrocken, machten schließlich auf einer kleinen Felseninsel Rast, leuchteten die Hänge mit den Ferngläsern ab, lauschten, rauchten und waren voller Erwartung.

Dann zeigte mir Jens auf der anderen Seite des Flusses einen schiefen Felsen, der auffallend aus dem hellgrünen Birkengewirr herausragte. Dort sollte ich die nächsten Stunden auf Wild warten. Wir ruderten zurück und ich wurde am Ufer abgesetzt. Endlich war ich allein. Als ich versuchte, zu meinem Stand zu finden, hatte ich große Schwierigkeiten. Die Steine, die mir den Weg versperrten wirkten aus der Nähe riesiger als aus der Entfernung, die Hänge kamen mir steiler vor, die Strecke, die ich zurücklegen musste, erschien viel weiter als von der kleinen Insel her. Und immer wieder hatte ich das Gefühl, hinter dem nächsten Felsen wartete ein noch besserer Platz zum Ansitzen. Nachdem ich eine halbe Stunde vorsichtig durch das Gestrüpp geschlichen war, sah ich ein, dass die Suche nach dem Idealstand sinnlos war, und als ich wieder eine mir günstig erscheinende Stelle entdeckte, ließ ich mich dort erschöpft nieder.

Ich schmiegte mich an einen gewaltigen Felsblock, der mir durch allerlei Kanten Sichtschutz gab, zog meinen Mückenschleier über das Gesicht, streifte Handschuhe über, damit mich auch meine Handflächen nicht verrieten und lauschte, jede hastige Bewegung vermeidend, gespannt in die Ruhe um mich herum.

Das zweite Boot, das mit den anderen Jägern weitergeschippert war, erblickte ich tief unter mir auf dem See. Klein wie eine Streichholzschachtel glitt es dahin. Die Männer wollten versuchen, mir behutsam Wild zuzudrücken.

Zwei Stunden mochte ich schon geharrt haben, hundertzwanzig Minuten angestrengten Starrens, in der sich kein Wild, überhaupt kein Lebewesen, weder ein Vogel noch ein Insekt, sehen ließ. Trotzdem war es ein erhebendes Gefühl, in dieser bizarren Landschaft des Nordens zu sitzen und zu staunen.

Das konzentrierte Warten erfüllte mich, die vornehmste Tätigkeit des Jägers oder, wie ein norwegischer Freund sagte: „Geduld, die Mutter des Erfolges", nahm alle meine Sinne voll in Anspruch. Es war ein herrliches Gefühl inmitten der Einsamkeit der gewaltigen Schöpfung auf Wild anzusitzen, zu hoffen und die Gedanken kreisen zu lassen.

Die Wolken wanderten langsam tiefer, verhüllten mitunter die Bergspitzen und plötzlich umgab mich dichter Nebeldunst, bis leichter Wind die Schwaden wieder fortwehte und erneut freien Blick gewährte.

Unvermittelt knirschte Sand, streiften Äste, rollten Steinchen und Steine, es klapperte, als hätten Schalen sie in Bewegung gebracht. Spielten mir meine gereizten Nerven einen Streich? Doch die Geräusche kamen näher. Auf kaum sechzig Gänge wechselten Alttier und Kalb über eine Blöße. Das Gewehr hatte ich im Anschlag, erwartete einen nachfolgenden Hirsch, aber die beiden Stücke waren alleine. Unbeschossen verschwanden sie, lösten sich im braunen, gelben, goldenen und roten Gesträuch des dichten, Bewuchses in ein Nichts auf.

Eine halbe Stunde später klapperten wieder Steine. Diesmal war es Jens. Schon von Weitem leuchtete seine rote Mütze, er zeigte an, dass der erste Abschnitt unserer Jagd zu Ende war.

Dass ich auf einen Hirsche gewartet und deswegen nicht das Kahlwild geschossen hatte, verschwieg ich beim Treffen. Meine norwegischen Freunde hätten es kaum verstanden, sie jagen noch unverdorben und ursprünglich, bei ihnen bedeutet jedes erlegte Tier lebensnotwendiges Wildbret. Starke Geweihe sind von geringer Bedeutung, Trophäenkult ist ihnen fremd.

Aber meine Freunde sind deswegen nicht ausschließlich Fleischjäger. Sie beurteilen die Jagd auch nach dem Schwierigkeitsgrad, dem körperlichen Einsatz und dem Naturgenuss. Manchen ist eine anstrengende Jagd auf Schneehühner lieber als stumpfsinniges Harren am Rentierpass, der schwierige Schuss auf abstreichende Moorhühner bedeutet ihnen mehr als der kunstlose auf einen verhoffenden Hirsch, auch wenn gewichtigere Beute, ja Fleischberge, die der gesamten Familie das Überleben eines Winters ermöglichen, anfallen.

Vor dem Hellwerden saßen wir am nächsten Morgen vor der Jagdhütte, leuchteten mit den Ferngläsern die Hänge ab und warteten, dass es licht würde. Noch war kein Brunftschrei zu vernehmen, nur das Rauschen der zu Tal donnernden Wassermassen. Kaum war es dämmerig, riefen Kolkraben aus den hohen Felsen, die sie als Schlafplatz für die Nacht genutzt hatten. Mit schwerem Schwingenschlag strichen mehrere Wotansvögel über uns hinweg. Sehen konnte ich sie nicht, der Himmel war noch zu dunkel.

In der Lüneburger Heide, wo mein zu Hause ist, nennen die Leute die Raben „Aasvögel". In meiner Jugendzeit waren sie eine Seltenheit, haben sich aber zwischenzeitlich stark vermehrt und verursachen große Schäden in der Landwirtschaft und unter den Niederwildbesätzen. Trotzdem ist die Bezeichnung nicht gerechtfertigt, klingt ordinär für die klugen „Göttervögel".

Allmählich nahmen die hohen Zinnen, dann einzelne Schroffen und Felsen und schließlich auch Bäume und Büsche Konturen und Farben an und als sich der Dunst in den Wipfeln der Berge langsam verzog, dröhnten die ersten Schreie von den Hängen.

Bei den nun folgenden Vorbereitungen und Planungen wurde meine Ausdauer wieder auf eine lange Probe gestellt. Es begann ein Geduldsspiel, eine grüne Patience, wie ich sie nur selten erlebte, aber schließlich stand die Strategie für diesen Tag fest: Ein Tal von mehr als drei Kilometern Durchmesser sollte von den drei einheimischen Jägern gedrückt und ich an einem Fernwechsel postiert werden. Die Jagdhelfer mussten einen fast acht Kilometer langen Umweg machen, um mir vorsichtig Wild zuzudrücken. Einen mühseligen, drei-, vierstündigen Marsch hatten sie vor sich.

Welch archaische Jagd! Die Stände waren die gleichen, die schon die Vorfahren unseres Jagdherren benutzten, um auf denselben, alten Fernwechseln und natürlichen Zwangspässen Wild zu erwarten, und das Wild hatte seine Gewohnheiten seit Urzeiten beibehalten.

Offenbar war es die einzig funktionierende Jagdart in diesem wilden Gelände mit seinen Schrunden und Schroffen, seinen Tälern und Abhängen, in denen lautloses Pirschen unmöglich ist. Auch mit dem Ruf war es wenig erfolgversprechend, an einen Hirsch auf gute Schussdistanz heranzukommen, da Windverhältnisse und landschaftliche Bodengegebenheiten andauernd wechselten und unberechenbar waren. Mit Ausnahme kleiner Freiflächen hat man nur wenige Meter Schussfeld, dazu war der Boden ausgespült, glitschig, das Gelände steil abfallend. Selbst wenn man es kannte wie mein Freund Jens Christopher, gelang es selten, einen Hirsch erfolgreich anzugehen.

Dann zeigte man mir meinen Stand: Durch das Zielfernrohr meines auf einen Stein aufgelegten Gewehres erkannte ich zwei Kilometer entfernt einen markanten Felsen, in dessen Nähe ich mich postieren und warten sollte. Gemächlich ruderte ich über den See dorthin.

Ein Hermelin huschte am Ufer entlang. Es war schneeweiß. Seine winterliche Tarnfarbe nutzte dem kleinen flinken Räuber hier unten im Tal, wo noch kein Schnee lag, nichts, sie wirkte eher verräterisch auffallend.

Den Wildwechsel, den ich benutzen sollte, um zu meinem Posten zu gelangen, verfehlte ich, musste stattdessen einen mühsamen eineinhalbstündigen Aufstieg durch dichten Bewuchs in Kauf nehmen, erklomm riesige Steinblöcke, umging Felswände, war gezwungen, mehrmals umzukehren, weil ich nicht weiter konnte, wusste mitunter nicht, wie ich vor- oder rückwärts, bergauf oder bergab gelangen sollte, aber erstaunlicherweise fand ich immer wieder einen Ausweg durch große Sprünge oder durch zwanzig, dreißig Meter langes Rutschen auf den glatten steilen Felswänden auf dem Po.

Dann schlug meine Büchse gegen einen Felsen. Das metallische Geräusch, harter Stahl auf hartem Stein, machte mich schon nervös, aber als ich sah, dass das Zielfernrohr eine arge Beule abbekommen hatte, war ich fast verzweifelt.

Als ich endlich meinen Stand erreicht hatte, riss ich das Schusspflaster von der Laufmündung, legte das Gewehr auf meinen Rucksack, blickte abwechselnd durch Lauf und Zielfernrohr, visierte verschiedene winzige Ziele an und stellte fest: Das Absehen war nicht verrutscht.

Entfernt fiel ein Schuss. Eilig suchte ich mir einen besseren Platz, hatte aber auch von dort nur begrenztes Schuss- und Sichtfeld. Nach zehn Minuten rief ein Hirsch, Steinerollen, Klopfen, übertönten das Rauschen der kleinen Wasserfälle. Dann verloren sich die Geräusche.

Noch einmal vernahm ich Wild. Es polterte auf mich zu, änderte die Richtung und flüchtete unterhalb meines Standes fort, ohne dass ich es sah.

Drei Stunden Harren, gespanntes Lauschen, erwartungsvolles Umherschauen, nur ganz behutsames, aber spannungsgeladenes Bewegen, dann entdeckte ich Daniel unten auf dem See im Boot. Das Treiben war zu Ende. Zwei kräftezehrende Stunden Abstieg begannen, bis auch ich endlich erschöpft und schweißgebadet das Boot erreichte.

Ein Hirsch war mit Trägerschuss erlegt worden. Mit einem Strick um dem Geweih zogen wir ihn zum See. Sorgsam wurde beim Aufbrechen darauf geachtet, den Brustraum nicht zu öffnen und dann schwamm der Wildkörper im Schlepptau hinter dem Boot her ohne unterzugehen. Vor der Jagdhütte wurde er mit Steinen beschwert und in den Fluss geworfen. Das eiskalte klare Gletscherwasser würde ihn bis zu unserem Abstieg frisch und kühl halten.

Klar und weiß leuchtete es am nächsten Morgen von den Berggipfeln herunter. Es hatte gefroren. Die bläulich scheinenden Gletscher wirkten in ihrer majestätischen Größe und Erhabenheit imponierend, achtungsgebietend.

Ich hatte durch das Los einen Stand im Tal erhalten. Wegen meines Muskelkaters war ich darum nicht traurig. Um neun Uhr verließen zwei Jäger das Haus. Sie hatten bis zu ihrem Stand an einem Fernwechsel einen zweistündigen Marsch vor sich, während ich erst gegen elf Uhr zu einem natürlichen Zwangspass loszog.

Ich war immer wieder erstaunt, wie gut Vater und Sohn, Besitzer und Erbe, ihr Jagdgebiet kannten und über die Gewohnheiten ihres Wildes informiert waren. Bei vierzigtausend Hektar mussten sie zu jeder Jahreszeit viel draußen in der Natur sein, um das Rotwild sowie dessen Wechsel und Äsungsplätze zu erkunden. Es gehört viel Erfahrung, unmäßiges Wissen und Können dazu, in diesen kilometerweiten Gebieten mit nur zwei, drei Jägern Wild zu vorbestimmten Schützenständen zu lancieren.

Die dreiviertel Stunde Weg zu meinem Posten war eine Erholung im Vergleich zu der Quälerei vom Vortag. Und dann saß ich am rauschenden Fluss, der alle meine störenden unvermeidlichen Geräusche beim Anmarsch übertönt hatte, und war wieder alleine.

Die Sonne schien, ich hatte Mühe gehabt, einen geschützten Platz im Schatten eines Felsens zu finden. Moose, Flechten, Felsen, Steine, Höhlen ringsumher, die Gedanken spielten, wanderten, wurden beflügelt und ich wäre kaum erstaunt gewesen, wäre plötzlich ein Troll erschienen und hätte mich gefragt, was ich hier in seinem Reich triebe.

In den Felsen meldete ein Hirsch. Eine Beutelmeise schwirrte herbei, turnte gewandt im Gezweig der kahlen Birken herum und unterhielt mich aufs Beste.

Nach und nach nahmen Aufmerksamkeit und Konzentration aber ab. Es wurde kühl, dann eisig kalt.

Nach drei Stunden Wartezeit gewahrte ich links im kahlen Birkengestrüpp eine Bewegung vor dem bunten Weidenlaub. Kurz erhaschte ich sie aus den Augenwinkeln, vermutete meinen norwegischen Jagdfreund und dass nun das Treiben beendet sei, doch da durchfuhr mich ein freudiger Schreck. Zweimal rief ein Hirsch, dann trollte ein Tier zügig auf mich zu. Behutsam nahm ich die Waffe hoch, visierte es an und sah durch das Zielfernrohr, dass ein Hirsch folgte. Sofort schwenkte die Laufmündung in seine Richtung. Vor Aufregung beschlug die Brille hinter meinem Tarnschleier, aber schon war die Kugel aus dem Lauf.

Der Hirsch zeichnete mit einer hohen Flucht, raste weiter und zeichnete im zweiten Schuss noch einmal deutlich.

Obwohl ich durch das Zielfernrohr beide Einschüsse hinter dem Blatt erkannt hatte, schoss ich ein drittes Mal. Aufgeregt lud ich nach. Erst jetzt rollte das Echo des ersten Schusses durch das Tal und hallte wie Donnergrollen von den Wänden wider.

Die eisige Feuchtigkeit, die sich meines Körpers bemächtigt hatte und ihn zittern ließ, war im Nu vergessen.

Ich hatte in solcher Nähe und bei dem schlechten Wind nicht mehr mit Anlauf gerechnet, denn Rotwild reagiert hier auf menschliche Bewegungen und Gerüche empfindlicher als in „zivilisierten" Revieren. Auf Anraten meiner norwegischen Mitjäger hatte ich mich aber, wie sie auch, mit dem Brunftfleck des am Vortag erlegten Hirsches eingerieben, offensichtlich hatte die „Parfümierung" gereicht, meinen eigenen Geruch zu übertönen.

Der Hirsch lag knapp vierzig Meter von mir entfernt.

Nach einer Stunde erfüllten Wartens kamen die Jagdfreunde und freuten sich mit mir über den ungeraden Zehner. Sein Geweih erweckte den Eindruck, als sei es von einem starken Jährling, aber der Hirsch war nach dem Abschliff der Molaren zu urteilen fünf oder gar sechs Jahre alt. Ich habe in meinem Leben viele Rothirsche geschossen, aber noch nie einen während der Brunft auf einer Riegeljagd unter schneebedeckten Gletschern.

All das interessierte meine Begleiter kaum. Für sie war das Wildbret entscheidend. Trotzdem gaben sie vor, sich auch über die Trophäe zu freuen. Wir zogen den Hirsch zum Fluss, brachen ihn auf und warfen ihn in das eiskalte Wasser, um ihn am nächsten Tag zu bergen.

Das klare Wasser, das seit Jahrhunderten oder gar Jahrtausenden aus den Gletschern fließt, See und Fluss speist, schmeckte köstlich. Es war nach den Aufregungen und Anstrengungen des Tages eine herrliche Erfrischung.

Ich hatte durch das stetige laute Rauschen keinen anderen Schuss gehört, aber es lagen zwei weitere Hirsche. Hoch oben in den Bergen waren sie gefallen.

Und dann begann die schweißtreibende Arbeit, den Zehner eines Mitjägers aus den steilen Klippen zu ziehen. Zwei Männer zerrten an einem Tau um das Haupt und zwei hielten ihn mit dicken Seilen an den Hinterläufen, damit er nicht zu schnell abrutschte. Auch er wanderte zur Konservierung in den Fluss.

Mit Herzen, Lebern und Filets im Rucksack marschierten wir fröhlich zur Hütte, verbrachten den nächsten Tag unter dem Rufen der Kolkraben, die über uns ihre Kreise zogen, kaum erwarten konnten, dass wir den Platz räumten, damit, die Hirsche zu zerwirken und die Schädel abzukochen.

Am späten Nachmittag, die Sonne war bereits hinter den Massiven der hohen Berge verschwunden, zogen wir zu Tal. Voran die beiden Pferde, schwer mit Wildbret beladen, im Schlepptau sechs zufriedene, müde Jäger, von denen mindestens einer von argem Muskelkater geplagt wurde, eine gigantische Bergwelt mit gewaltigen zu Tal dröhnenden Wassermassen und schreienden Hirschen zurücklassend.

Einen letzten Blick zum erhabenen hohen Felsmassiv vor der Hütte gönnte ich mir noch, hörte ein letztes Mal das Rauschen des Wassers und der Bäume, so wie es seit Beginn der Schöpfung war, seit die Menschheit besteht, ihr Hoffnung und Antrieb gegeben hat und heute für so viele so fremd geworden ist.

Wunderschöne stimmungsvolle Jagdtage in der bezaubernden norwegischen Fjordlandschaft und Bergwelt gingen zu Ende.

„Sei nicht traurig, dass sie vorüber sind, sei froh, dass Du sie gehabt hast.“ Mit diesem Trost ging es wieder Richtung Deutschland. Auch als ich die komplizierten Formalitäten der Zollkontrolle mit Gewehr und Geweih hinter mich gebracht hatte, waren meine Gedanken noch bei der ungewöhnlichen Hirschbrunft in den Gletschern über den Fjorden.

IN SPANIEN

Im Paradies der Hirsche

Brunftkonzert bei 30 Grad im Schatten

Die Erlebnisse, die ich während der Rotwildbrunft in Spanien bei meinem Freund Dr. Francisco Liesau auf seinem Besitz El Sauceral hatte, zählen mit zu den eindrucksvollsten.

Der damalige Hauptschriftleiter von „Wild und Hund" Gert v. Lettow-Vorbeck berichtete bereits 1955 unter dem Titel „Ein spanisches Jagdparadies im Werden" über das Revier auf der Iberischen Halbinsel, das sich dank Initiative seines Schwiegersohnes Liesau zu einem Spitzen-Rotwildrevier entwickelt hat.

Als das über 3000 Hektar große Gebiet von der Familie meines Freundes erworben wurde, lebten dort außer Reh-, Rot- und Schwarzwild verwilderte Ziegen und fast ebenso viele Wilddiebe in den Bergen von Toledo, einem der größten geschlossenen Rotwildvorkommen Spaniens.

Ziegen sowie Wildschützen wurden unter teils dramatischen Bedingungen aus dem unübersichtlichen Gebiet maximal 1100 über NN verbannt. Übrig blieb neben Reh- und Schwarzwild ein an Qualität schwacher, an Quantität starker Rotwildbestand.

Bis dahin wurden in El Sauceral Monterias durchgeführt. Weil nach spanischem Jagdgesetz auf diesen Jagden weder Kahlwild noch Spießer, aber sonst jeder Hirsch erlegt werden durften, beantragte Dr. Liesau eine Ausnahmegenehmigung für sein Revier, um den Abschuss nach deutschen Hegerichtlinien durchzurühren. Damit legte er den Grundstein für ein Rotwildrevier, das seinesgleichen suchte.

Fast 90 Prozent des Reviers waren dicht bewaldet, vorrangig mit Stein-, Kork- und Stieleichen, wobei Steineichen für Wild wertvolle Mast bringen und ihre Triebe im Frühjahr vom Rotwild stark verbissen werden.

Kaum in Madrid gelandet, entflohen meine Frau und ich der hektischen Metropole, fuhren bei über 30 Grad im Schatten zu der uralten, malerisch gelegenen Bischofsstadt Toledo. Nach kurzem Stopp ging es weiter auf staubigen Straßen Richtung Süden, vorbei an Pinienwäldern und gepflegten Olivenhainen auf ausgedörrtem, kargem, rötlichbraunem, steinigem Boden, unterbrochen von hübschen, im maurischen Stil erbauten Landhäusern.

Ich war aber nicht nach Spanien gereist, um die wildromantische, bizarre Landschaft der Mancha, der Heimat von Cervantes' „Don Quichote", zu erleben, sondern zum wiederholten Male der Einladung meines Freundes zu folgen, um unter südlicher Sonne auf Rotwild zu jagen.

Voller Vorfreude auf die vor uns liegende Woche hielten wir uns nicht lange mit der Betrachtung der starken Trophäen im Jagdhaus auf. Es zog uns hinaus ins Revier und auf gings zur ersten Erkundungsfahrt. Ich war wieder fasziniert von den vielen, weit leuchtenden Fege- und Schlagstellen. Die Sandwege des bergigen Reviers waren zertreten vom Rotwild, kaum ein Quadratmeter, auf dem nicht Fährten standen – ein Paradies für Jäger und Hirsche gleichermaßen.

Gegen siebzehn Uhr stellte ich den Wagen ab und pürschte bei glühender Hitze mit meiner Frau zu einem staubtrockenen Wildacker. Kein Vogel sang, kein Laut war zu hören außer dem Brummen um uns herumschwirrender Insekten und dem Knistern der trockenen Blätter unter unseren Füßen.

Es war noch taghell, aber der fast kreisrunde Mond stand bereits am wolkenlosen Himmel, und obwohl das Thermometer noch über 25 °C anzeigte, meldeten in der Ferne Hirsche.

Genüsslich saugte ich den süßen, berauschenden Geruch der mich umgebenden Flora ein. Einschläferndes Gewisper unzähliger Zikaden stimmte mich eher auf einen Abend aus 1001 Nacht ein und die Schwüle ließ Zweifel in mir aufkommen, eine Rotwildbrunft zu erleben.

Dann meldete von der Höhe eines 200, 300 Meter entfernten Berges ein Hirsch, erst zögernd, verhalten, dann lauter, herausfordernder. Kurzes rau herausgestoßenes „ÖH!, ÖH!, ÖH!" kündete davon, dass er in Bewegung war.

Sofort hatte ich mein bewährtes Ochsenhorn vor dem Mund und „warf" ihm den Kampfruf entgegen. Wütend schallte die Antwort zurück und der Hirsch – immer wieder antwortend – kam dem vermeintlichen Rivalen zügig näher und näher.

Meiner Frau, die neben mir auf dem Boden hockte, wurde die Situation unheimlich, ihr Blick sprach Bände.

Der Hirsch stand schließlich nur noch 20 höchstens 30 Meter entfernt von uns und schlug mit dem Geweih auf die Macciebüsche ein, dass es staubte, Blätter und kleine Zweige in die Höhe flogen.

Doch so sehr ich auch starrte, er wollte inkognito bleiben. Bis es zu dämmern begann, bekamen wir kein Haar des Ersehnten zu sehen. Schließlich entfernte er sich schreiend, doch der mannshohe Busch verdeckte alles.

Die dunklen Schatten brachten kein bedrohliches Dunkel, sondern erfrischende Kühle. Gespannt lauschten wir, bis es dunkle Nacht geworden war, bevor wir uns vorsichtig zurückzogen und langsam auf den Heimweg begaben – voller Erwartungen, was der kommende Tag bringen würde.

Der nächste Morgen war im Vergleich zum Vortage angenehm frisch. Bei völliger Dunkelheit pürschte ich zu einem nahe gelegenen Wildacker. Von den Bergen meldeten mehrere Hirsche. In dieser Jahreszeit kam das Rotwild erst nachts von den Höhen, um zu schöpfen, und zog vor dem Hellwerden wieder in kühlere Regionen hinauf. Deshalb wollte ich ihm den Weg auf dem Rückwechsel abschneiden.

Vom neuen Tag war erst ein schwacher blutroter Streifen im Osten zu erkennen, als ich mir eine kleine Fläche im hohen Porst und dichten Heidegestrüpp aussuchte, von der ich Einblick in den gegenüberliegenden Hang hatte und mehrere Kahlstellen und Geröllhalden auf Büchsenschussentfernung einsehen konnte.

Vereinzelt meldeten Hirsche, aber zu weit, als dass es Erfolg versprechen könnte, sie mit dem Ruf anzugehen. Am Hang zog Kahlwild sowie ab und an ein geringer Hirsch entlang. Sie gaben mir die Gewissheit, dass die Brunft ihren Höhepunkt noch nicht erreicht hat, sich noch keine festen Brunftrudel gebildet hatten.

Die Hitze wurde bald unerträglich, die Hirsche verstummten und ich machte mich auf den Heimweg. Auf schweigenden Schwingen schwebte ein großer Geier über mir, ich war froh, als ich durstig und nassgeschwitzt gegen zehn Uhr wieder beim Jagdhaus ankam.

Der Abend sah meine Frau und mich an demselben Platz in der Nähe des Jagdhauses. Die Brunft war trotz bedrückender Schwüle stärker, lauter als am Vortage und wir erfreuten uns an einigen vielversprechenden jüngeren Hirschen. Als ich mich mit meinem Ochsenhorn an ihrem Konzert beteiligte, schnarrte erschreckt ein Flug Misteldrosseln vor uns hoch, aber keine stärkere Stimme, die ein Angehen rechtfertigen würde, antwortete. So vergingen der herrliche stimmungsvolle Abend und auch der nächste Morgen, ohne dass ich einen Schuss abgegeben hatte. Am Freitag erwartete ich den Jagdherrn mit seiner Frau zum verlängerten Wochenende, das gab mir neuen Mut.

Am gleichen Abend wollte wir nach Canto Menudo, den entferntesten Teil des Reviers, um zu verhören, in einem der Jagdhäuser dort zu übernachten und für den folgenden Morgen einen Plan zu schmieden. Das Notwendigste war bald gepackt, nach anstrengendem schweißtreibendem Aufstieg saßen wir bei glühender Hitze voller Spannung vor der Jagdhütte „Erilla", genossen den atemberaubenden Ausblick über große Teile des Reviers und ich konnte mir wieder einen Überblick von den Ausmaßen des Jagdgebietes, von den tiefen Schluchten, dicht mit Stil- und Steineichen bewachsenen Berghängen und gepflegten Wildäckern verschaffen.

Wie auf ein geheimes Zeichen hin begannen die Hirsche zu schreien. Aber es war erst das Vorspiel, quasi die Ouvertüre zu einer bisher nie gehörten urgewaltigen Symphonie. Mit etwas Phantasie klang es, als hätte ein unsichtbarer Dirigent den Taktstock erhoben und leitete unvermittelt vom Largo zum Furioso über. Das Konzert hielt unvermindert an. Von jedem der zahlreichen Höhenzüge orgelten ein, zwei oder mehr Stimmen. Sich auf eine einzelne zu konzentrieren, war fast aussichtslos, doch dann stach eine unter den anderen auffällig heraus: Es war ein sieben- bis neunjähriger Hirsch, der offenbar von allen möglichen Rufvarianten den Sprengruf bevorzugte und deshalb von den Jägern „Sprengmeister" getauft worden war.

Meine Sinne konnten all das nur schwer verkraften, ich war überfordert, einen Plan für den nächsten Morgen zu machen. Was von allen Seiten an mein Ohr drang, übertraf alles Erlebte, alles für mich bisher Vorstellbare. Kein Ruf blieb ohne Antwort. Vier, fünf alte Hirsche röhrten zur selben Zeit. Die Hänge hallten vom vielstimmigen Brunftgeschrei wider, dass mir fast der Atem stockte.

Das sich noch steigernde Brunftkonzert ähnelte in seiner Urgewalt einem Herbststurm. Von allen Himmelsrichtungen, aus allen Tälern und von allen Höhen ertönte Schrei auf Schrei in jeglichen Modulationsformen aller Gemütserregungen und Tonstärken, eine kraftvolle Symphonie, ein Hymnus auf die strotzende Kraft der Schöpfung. Die Brunft hatte trotz großer Hitze ihren Höhepunkt erreicht.

Es war sehr spät, als wir erfüllt von dem ungeheuren Naturerlebnis ins Bett sanken. Lange lag ich noch wach. Die ganze Nacht hindurch drang durch das geöffnete Fenster das Dröhnen und immer wieder glaubte ich, besonders starke Stimmen darunter zu vernehmen. Als ich endlich zur Ruhe kam und schließlich einschlief, war die Nacht fast vorüber.

Noch bei totaler Finsternis pürschte ich am frühen Morgen nach kurzem Verhören mit dem Jagdherrn über einen Pürschpfad in Richtung einer breiten Brandschneise. Ein Hirsch, der durch seinen tiefen rauen Brunftschrei beeindruckte, war auf dem Wechsel in den hochgelegenen Tageseinstand und musste aller Voraussicht nach die Schneise kreuzen. Immer mächtiger drang sein Röhren aus dem Tal herauf. Seine tiefe Stimme, selbst ein romantischer Tierschützer hätte nichts Sehnsuchtsvolles heraushören können, war voller Wut, voller Kampfbereitschaft.

Ein spannender Wettlauf begann und fast zur gleichen Zeit erreichten wir drei, der Hirsch, der Jagdherr und ich, die Schneise. Es war aber noch zu finster, als dass wir trotz lichtstarker Optik mehr als dunkle Wildkörper vor uns ausmachen konnten. Schießen wäre möglich gewesen, aber wir konnten den Starken nicht sicher ansprechen, er hatte es eiliger als das Licht und als es heller wurde, verschwand er gemächlich mit seinem Rudel im hohen Gestrüpp.

Vorsichtig pürschten wir weiter und hatten bald ein Rudel Kahlwild vor uns. Schnell griff ich zum Ochsenhorn und ahmte die Stimme eines suchenden Hirsches nach. Sofort stand der junge Platzhirsch vor uns – ein gutveranlagter Zwölfer, so blieb die Kugel auch dieses Mal im Lauf.

Weiter ging es, bis die Sonne wieder ihre sengenden Strahlen vom Himmel schickte und wir uns durchgeschwitzt und müde auf den langen Heimweg machten.

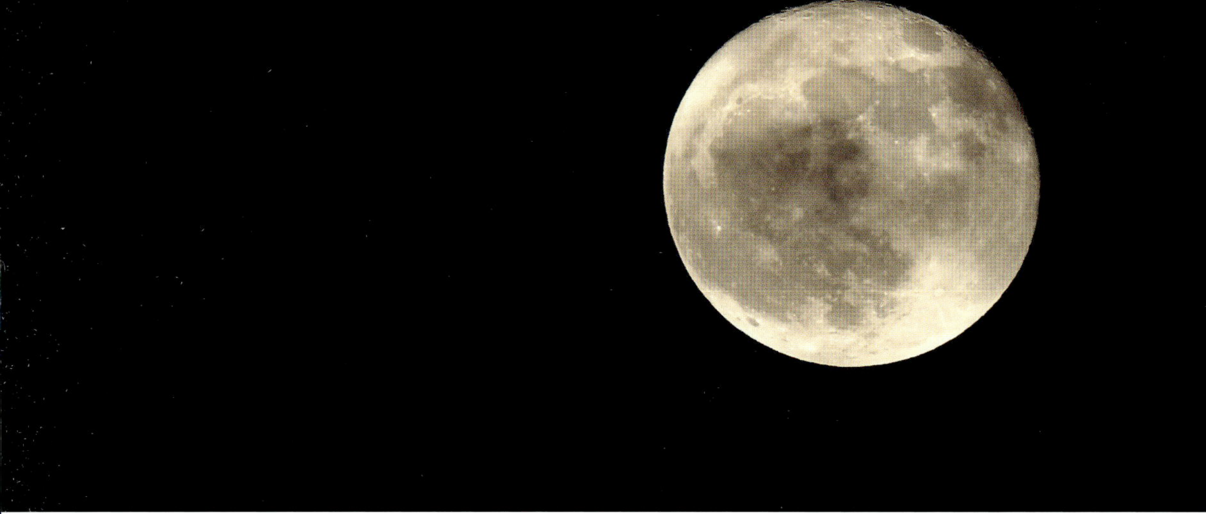

Der Abendansitz mit dem Jagdherrn auf einer bequemen Leiter bescherte wieder reichlich Anblick, unter anderem zwei abschussreife Hirsche. Auf meinen fragenden Blick winkte mein Freund kurz ab. Ihm schienen beide für mich nicht stark genug und mit der Dämmerung kehrten wir erneut ohne Beute, aber wieder erfüllt vom Gesehenen, nach „Canto Menudo" zurück, wo uns unsere Frauen erwarteten. Gemütlich saßen wir bei spanischem Landwein vor dem Jagdhaus und lauschten andächtig in die warme Vollmondnacht. Ziegenmelker huschten lautlos auf und ab und zwischendurch flatterte eine Fledermaus dicht an uns vorbei. Durch das Licht der Petroleumlampe angelockt, wurde es von unzähligen Insekten umschwirrt.

Dann meldete eine gute Stimme vom Kamm eines Berges, erst zögernd, als aber von einem anderen entfernteren Höhenzug Antwort kam, war im Nu wieder ein beeindruckendes Konzert im Gang, das das des Vorabends noch übertraf und die ganze Nacht hindurch währte. Hirsche aller Altersklassen orgelten durcheinander. Deutlich unterschieden wir den klaren, kräftigen Schrei des jungen Zwölfers und etwas weiter entfernt das dumpfe harte Trenzen des starken Vierzehnenders, den wir am Morgen vor hatten, bevor der Buschwald ihn wieder verschluckte. Zwischendurch dröhnte der Sprengruf seines Beihirsches und das Röhren eines weiteren Widersachers. Rundherum war nichts anderes zu vernehmen, nur tiefe und hohe, dunkle und helle Stimmen und ab und zu drang leise das Mahnen eines brunftigen Stückes Kahlwild zu uns herüber.

Wieder war es spät, als wir beseelt von einem Meer neuer Eindrücke endlich müde ins Bett fanden. Neben dem Röhren klang das eintönige gemütliche Zirpen von Hunderten von Zikaden durch das geöffnete Fenster und ließ mich bald einschlafen.

Die ersten Sonnenstrahlen, die über die Berge streiften und feuerrot glühend den neuen Tag ankündigten, sahen mich schon wieder draußen. Verschlafen trottete ich hinter Victor her. Victor war als Wildhüter auf der Hacienda angestellt. Der kleine drahtige Spanier mit schwarzen wachen Augen in einem wettergegerbten Gesicht entstammte einer bekannten Wilddiebsfamilie und begleitete mich auf meinem letzten Ausgang. Die unerbittliche Härte der Landschaft hatte auch diesen Mann, der nie über die Grenzen seines Geburtsortes hinausgekommen war, geprägt.

Nachdem wir den dichteren Busch verlassen hatten, erschallte plötzlich wild und erregend vom nächsten Bergrücken urgewaltig die tiefe Stimme eines Hirsches. Erschreckt fuhr ich zusammen. Der Wind stand gut und so stiegen wir langsam bergauf, pirschten mit klopfendem Herzen vorsichtig an Felsbrocken vorbei über weite kahle Geröllhalden, der vollen, immer wieder erschallenden Kampfansage entgegen. An einer freien Fläche angelangt, hörte sich die zornige Antwort auf mein Ochsenhorn schon beängstigend nah an. Als wir Deckung hinter einem Felsblock gefunden hatten, erschien auf der anderen Seite der Hirsch. Während er majestätisch sein Haupt zurücklegte und dem vermeintlichen Gegner den Kampfruf entgegenschleuderte, sprach ich ihn durch das Zielfernrohr an und auf meinen Schuss brach der ungerade alte Zehner nach wenigen Fluchten verendet zusammen.

In wilden, hohen Fluchten erschienen mehrere Stücke Kahlwild und polterten wenige Meter vor uns vorüber. Sie würden sicherlich nicht lange ohne einen neuen Herrn bleiben, denn als wir langsam zu meinem Hirsch hinübergingen, dröhnte es sowohl links als auch rechts aus dem Macciadickicht, gleich zwei andere Hirsche standen schon bereit, die durch den Tod, durch mich, gerissene Lücke aufzufüllen. Der Knall und das aus den Tälern widerhallende Echo hatten nicht genügend Lautstärke, um das Brunftkonzert zu übertönen.

Der Hirsch, der dann vor uns lag, war noch älter und stärker als angesprochen, aber mich kümmerte nicht, ob die Stangen dick oder dünn, schwach oder kapital waren. Für mich zählten keine Punkte, sondern eine unvergessliche Hirschbrunft, ein einmaliges Erlebnis und ein weiterer Höhepunkt in meinem Jägerleben.

Glücklich saß ich noch lange neben dem Gestreckten und lauschte in den Morgen, bis die unbarmherzig vom wolkenlosen Himmel auf das durstige Land brennende Sonne und die kreisenden Geier uns zum schwierigen Abtransport zwangen.

UND WIEDER IN HEIMATLICHEN REVIEREN

Nach vielen, vielen Jahren

Es zählt das Erlebnis – nicht das Ergebnis

Viele Jahre hatte ich im Ausland gelebt und gejagt, war nur sporadisch auf Heimaturlaub gewesen und hatte die Entwicklung des Jagdwesens in Deutschland lediglich am Rande registriert. Nun waren meine langen Wanderjahre jagdlich beendet, ich wollte mit meiner Familie in Deutschland sesshaft werden.

„Papi, dort kreisen Geier, da muss ein totes Tier liegen!“, rief meine Sohn aufgeregt, als wir, vom langen Flug ermattet, vor dem elterlichen Gutshaus aus dem Auto stiegen.

Es waren keine Geier, sondern Mäusebussarde. Ich zählte sieben der umgetauften Beutegreifer, alias Taggreife, alias Raubvögel, die im strahlend blauen Herbsthimmel kreisten. Mein kleiner Sohn erkannte nach kurzer Erklärung die Vögel wieder, die er in Südamerika während unserer Abwesenheit oft auf Abbildungen in den Jagdzeitungen bewundert hatte und war begeistert von dem erhebenden Anblick.

Mir wurde erst bewusst, dass es sehr viele Greife gab, als ich mit meinem Bruder und dem Weimaraner Caesar durch die Rübenschläge zog. Nicht ein Rebhuhn fanden wir, wo früher zwei, drei Ketten lagen. Gewiss lag es auch an der Landwirtschaft mit dem Zwang, in immer kürzerer Zeit immer mehr anzubauen und zu produzieren, um konkurrenzfähig zu bleiben, aber das Überhandnehmen von Beutegreifern und Rabenvögeln hatte ebenfalls Einfluss auf die Niederwildbesätze.

Unsere Erde war, seitdem ich nicht mehr zu Hause gejagt hatte, dreimal um die Sonne gewandert und manches hatte sich im geliebten Revier verändert. Die himmlischen Zeiten meiner Jugend waren nicht mehr. Tempi passati – passati.

Der Lärm hatte zugenommen, man spürte die Entwicklung des technischen Zeitalters mit aller Stärke und Konsequenz, aber hier hatte man sich an den Krach gewöhnt, auch das Wild schien sich damit abgefunden zu haben.

Ein asphaltierter Fahrradweg führte den Wolthäuser Weg entlang, auf dem früher, um während der Heimfahrt nach Skatspiel, zuviel Bier und Köm keiner Polizeikontrolle zu begegnen, höchstens Einheimische fuhren. Nun waren es Radler, die die Strecke benutzen. Doch Respekt und Ehrfurcht vor der Natur schienen bei vielen nicht mehr gefragt. Lautes, fröhliches Singen, manchmal sogar von schriller Musik aus einem Transistorradio begleitet, störten nicht selten die Waldeinsamkeit.

In Deutschland hatten die Menschen das Stillsein verlernt. Es war nicht mehr der dunkle, schweigende Wald mit seinem heimlichen Wild, den ich in Erinnerung hatte, sondern eine Quelle für Holzerzeugung und Tourismus. Der Ruf „Zurück zur Natur" war für viele Menschen gleichbedeutend mit „Entfremdung zur Natur" geworden.

Nach und nach wurde ich mir dessen bewusst, aber noch lagen zwei Wochen Hirschbrunft vor mir und der Herbst vergoldete meine Heimkehr, besänftigte mich mit bezaubernd leuchtenden Farben.

Beim nächsten Sonnenaufgang war ich schon wieder draußen. Schläfrig und übermüdet vom vorangegangenen Abend, kauerte ich auf einer einfachen Leiter hoch oben in einer Kiefer im Moor. In früheren Jahren stand in diesem abgelegenen Winkel ganz versteckt eine Kanzel. Sie war, obwohl sie in einer der heimlichsten Ecken des Reviers gebaut war, von Jugendlichen entdeckt und ihrem eigentlichen Zweck entfremdet worden, wurde Treffpunkt für Liebespaare und letztendlich zerstört. Die Reste des Vandalismus hatte der Wind umgestoßen.

In der morgendlichen Dunkelheit musste ich mehrmals stehen bleiben und mich orientieren, bevor ich mich zurechtfand. In der Zeit meiner Abwesenheit hatten die kleinen Kiefern einen gehörigen Schuss gemacht. Von einer Grasbülte zur anderen stolperte ich und folgte dem schmalen zugewachsenen Pürschpfad.

Den Hund hatte ich zu Hause gelassen. Jede Störung, jede dem Wild unangenehme Witterung hätte meinem Vorhaben geschadet. Obwohl der Mensch als sein größter Feind gilt, hat sich das Wild in dieser Kulturlandschaft, wo es fast überall nach Zweibeinern buchstäblich stinkt, an dessen Geruch gewöhnt und nimmt sein Auftreten oft nicht „so ernst". Steht aber die Duftnote „Raubtier Hund" im Wald, wird es misstrauisch.

Aus luftiger Höhe hatte ich guten Ausblick über eine dicht mit Porst bestandene Fläche, unterbrochen von Bentgrasinseln und verstreuten Kiefernkusseln.

Das Schwinden der Dunkelheit war schon zu ahnen, als schemenhaft Rotwild, Stück für Stück, auf höchstens sechzig Gänge vorbeiwechselte. Die Kette schien nicht enden zu wollen, es waren mehr als zwanzig Stück.

Als das Licht endlich zum Ansprechen reichte, war die Bühne vor mir wie leergefegt und ich beschloss, falls der Wind es erlaubte, mein Heil am Abend wieder dort zu versuchen. Das Wild kam erfahrungsgemäß spät, weil es in den Morgenstunden auf dem Rückwechsel von den Feldern nahe des Dorfes oder von den Wildäckern noch verweilte und sich in der Nähe seiner Tageseinstände im Moor sicher wähnte. Abends trat es, wenn es ungestört blieb, recht früh aus und bummelte vertraut in den Kusseln, bevor es zu den Feldern zog.

Auf dem Rückweg schreckte tief im Moor ein Reh, laut und anhaltend. Ob dort Hochwild zog oder noch ein Spaziergänger durch den Wald wanderte?

Die ungestörten Räume der Natur waren kleiner geworden, die Menschheit größer. Der Wald, auch der Privatbesitz, war nicht mehr nur für Jäger da. Andere Leute suchten seine Stille – „aber das sind oft nicht die Schlechtesten", hatte mein Bruder gesagt.

Schon am frühen Nachmittag begab ich mich wieder auf meine heimliche Leiter. Die untergehende Sonne ließ die Schatten der hohen Kiefern langsam wachsen. Besinnliche Stimmung aber, wie in der Wildnis, kam in der Zivilisation nicht auf. Irgendwo knat-

terte ein Moped, spielende Kinder schrien im entfernten Dorf und auf dem Feld pflügte ein Treckerfahrer die letzten Stoppeln um. Ein Bussard ruderte schwerfällig zu seinem Schlafbaum und Kolkraben sorgten mit ihren Rufen für Abwechslung. Ich vermisste die Nachtschwalben, die mich an dieser Stelle oft mit ihrem eleganten Flug unterhalten hatten. Auch der Schwarzstorch, den ich hier früher beobachtete, war nicht mehr da.

Weit hinter der Reviergrenze schrie ein Hirsch. Dann starkes Brechen vor mir. Dem beschaulichen Sitzen und Träumen folgte aufgeregtes, erwartendes Herzklopfen. Alttier und Kalb zogen, geschickt jede Deckung nutzend, durch die niedrige Kiefernschonung, gefolgt von einem weiteren Tier mit Kalb und einem Schmaltier. Dann bemerkte ich einen geringen Hirsch, der dem kleinen Rudel, wahrscheinlich aus Respekt vor dem Platzhirsch, in einiger Entfernung folgte. Ein ungerader Sechser mit ungewöhnlich langen Aussprossen, die linke war abnorm zum Äser hin gewachsen. Nur für Sekunden konnte ich ihn ansprechen, bevor er wieder verschwunden war.

Es trat wieder Ruhe ein. Das Büchsenlicht verkroch sich in den Schatten der dunklen Kiefern, Dämmerung legte sich über Wald und Moor. Da erschien ein jüngerer Zwölfer, wahrscheinlich der Platzhirsch und verschwand nach dort, wohin auch das Rudel vorher gezogen war.

Ein Tag, der mich durch mannigfaltigen Anblick beschenkt hatte, ging zur Neige und die Dunkelheit sah mich zufrieden auf dem breiten Heideweg heimwärts ziehen, entschlossen, dem Abschusshirsch bei der Kiefernleiter die nächsten Tage zu widmen.

Leider lag am Morgen dichter Nebel unter mir, in unmittelbarer Nähe vor mir hörte ich Wild ziehen, konnte aber nicht einmal Umrisse eines Stückes ausmachen.

Der Abend, der darauf folgende Morgen und auch der nächste Abend verliefen ähnlich: Dicke Nebelschwaden erschwerten die Sicht und begünstigten die Deckung des Rotwildes. Das Büchsenlicht schwand früh, morgens quälte sich die Sonne erst spät am Vormittag durch den Dunst und beschenkte mich mit einem herrlichen Altweibersommer.

Die sonnigen, klaren Herbsttage verbrachten wir mit dem Stöbern auf Hasen in Revierteilen, weit weg von den Hochwildeinständen. Zwischendurch stellten wir den Enten auf der Örtze nach, doch wenn es irgendwie passte, galt es dem Rotwild. Tage – so recht nach meinem Geschmack.

Dann verging kaum ein Ansitz, ohne vielfältigen Anblick. Ich war erstaunt über das viele Rotwild, obwohl das Revier in den letzten Jahren so unruhig geworden war, sah den Zwölfer und zwei junge endenfreudige Kronenhirsche, hatte einen ungeraden Eissprossenzehner im Visier, der Faden im Zielfernrohr war aber nur sehr wenig „scheinig“ und, die komplizierten Abschussrichtlinien in Gedanken überschlagend, ließ ich ihn ziehen. Später stellte sich heraus, dass es goldrichtig gewesen wäre, ihn zu erlegen.

„Um der Bürokratie ein Schnippchen zu schlagen, lassen sich Jäger schon mal etwas Besonderes einfallen“, erzählte mein Bruder. In einer benachbarten Jagd schoss deren Pächter einen starken Rothirsch, der laut Abschussplan nicht freigegeben war. Um von seinem „Irrtum“ abzulenken, transportierte er den Erlegten zur nahen Landstraße, fuhr mit dem Geländewagen über die Läufe des Stückes und behauptete, er habe dem angefahrenen Hirsch einen Fangschuss geben müssen. Durch ein gerichtsmedizinisches Gutachten wurde der Schütze überführt.

Weit gingen meine Gedanken zurück. Jugendbilder tauchten in meiner Erinnerung auf, die während der Länge meines Auslandsaufenthaltes fast in Vergessenheit geraten waren, Bilder des „geordneten“ deutschen waidmännischen Jagens, von dem man im Ausland andere Vorstellungen hat.

Mehrere Hirsche meldeten, aber die Brunft spielte sich in den Nachbarrevieren ab. Ich musste mich damit abfinden, dass viele deutsche Reviere winzig im Vergleich zu denen sind, in denen ich in den vergangenen Jahren jagen durfte.

Am siebten Ansitz auf meiner „Kiefer“, ich kannte mittlerweile schon jeden Busch und Strauch, klarte es auf. Der Große Wagen hatte seine Deichsel schon stark nach Osten geneigt, als ich nach kurzem Schlaf aus dem Haus trat.

Voller Hoffnung erwartete ich das Kommen des Tages. Um mich herum meldeten Hirsche wie nie zuvor in diesem Jahr, obwohl die Hauptbrunft vorüber war. Als es hell war und ich schon nicht mehr mit Wildanblick rechnete, strebte ein Tier mit seinem Kalb eilig vor mir dem Tageseinstand zu. Sofort vertauschte ich Fernglas mit Büchse und beobachtete durch das Zielfernrohr. Es folgte ein zweites Tier mit Kalb, ein Schmaltier und ein geringer Achter!

Irritiert wollte ich das Gewehr absetzen, hatte ich doch statt dieses Abschusshirsches den ungeraden Sechser erwartet, als ich aus den Augenwinkeln eine Bewegung erhaschte und „meinen“ Hirsch zügig vorbeiziehen sah. Er hatte es eilig, hinter ihm rief zornig der Zwölfer.

Um den Abnormen zu stoppen, „schrie“ ich ohne Muschel, aber er war bereits hinter der nächsten Kieferngruppe verdeckt. Als er noch einmal auf einer kleinen Blöße erschien, schleuderte ich ihm den Sprengruf eines alten Hirsches entgegen. Das half. Ruckartig verhielt der Sechser, quittierte die Kugel mit einer hohen Flucht und verschwand.

Während ich repetierte, hörte ich ihn im dichten Porst zusammenbrechen. Mein Puls jagte, mein Herz hämmerte bis in den Hals, als der Achter, durch den Widerhall des Schusses getäuscht, über die Blöße trollte und verhoffte.

Als wollte er mich auf die Probe stellen, blieb er breit vor mir stehen, bevor er zögerlich dem Rudel folgte und gemächlich fortzog. Noch einmal verhoffte er und präsentierte sich mir wie eine Schießscheibe. „Es wäre deine erste Hirschdublette", bedrängte mich eine innere Stimme und ich visierte den Hirsch an, da wechselte er langsam aus meinem Sichtfeld.

Weil ich gehört hatte, dass der ungerade Sechser nach mehreren Fluchten zusammengebrochen war, ging ich zum Anschuss, wo deutlich Eingriffe zu erkennen waren und kroch dann auf dem ausgetretenen Wechsel ein Stück entlang. Weder Schnitthaar noch Schweiß bestätigten einen Treffer. Nachdenklich bestieg ich noch einmal den Sitz, prägte mir den Standort des Hirsches beim Schuss genau ein und arbeitete mich durch den dichten Porst direkt darauf zu. Wieder stand ich rechts von der kleinen Krüppelkiefer, wieder keine Anschusszeichen und wieder nagten Zweifel in mir.

Zahlreiche Fährtenabdrücke standen in dem feuchten Erdboden und ich folgte noch einmal fast hundert Gänge dem ausgetretenen Wechsel – nichts! Niedergeschlagen drehte ich um, wollte den Hund holen, bevor ich noch mehr zertrat und dem vierläufigen Helfer die Arbeit erschweren würde. Es war mir unverständlich, dass ich den Hirsch nicht fand, wo ich doch sicher abgekommen war. Vom Anschuss nahm ich den direkten Weg zu einer breiten Rückeschneise und stolperte nach zwanzig Metern fast über den Gestreckten. Mein Stimmungsbarometer, das weit unter Null gesunken war, stieg mit Überschallgeschwindigkeit in schwindelnde Höhen. Ein Abschusshirsch, wie er im Buche steht, lag vor mir. Die Kugel saß mitten auf dem Blatt, hatte aber keinen Ausschuss geliefert.

So manches Mal hätte ich einen abgegebenen Schuss hinterher gerne annulliert, habe aber kaum jemals einen unterlassenen Schuss bedauert.

Hätte der Achter ebenfalls auf der Strecke gelegen, wäre ich kaum glücklicher gewesen, hätte mich kaum mehr freuen können – es zählt bei der Jagd wahrhaftig nicht das Ergebnis – es zählt das Erlebnis.

Nachwort

Ein Hoch der Trophäenjagd

Die Jagdpassion habe ich von meinen Vorvätern ererbt und freue mich, wie sie auch, an einer guten Trophäe.

Funde aus dem Verlauf der gesamten Menschheitsgeschichte beweisen, dass es eines der Grundbedürfnisse des Menschen ist, sich Teile von Beutestücken zu bewahren. Ob aus kultischen Gründen, aus Spaß oder aus Erinnerung an schwierige und erfolgreiche Jagdabenteuer wird nicht zu ergründen sein.

Fest steht: Trophäen, seit Urzeiten Teil unserer Kultur, dienten den Menschen als Waffe und Werkzeug, Sammelobjekt, Spielzeug und Schmuck, Heilmittel, Kunstobjekt und Aphrodisiakum, Forschungs- sowie Prestigeobjekt, Anregung für Künstler und Tarnung auf der Jagd.

Heute wird ein starkes Geweih an der Wand von vielen Zeitgenossen mit Misstrauen betrachtet, Grandeln sind „out", Rotwild- und Trophäenjagd sind in Verruf geraten.

Ohne Trophäenjäger gäbe es aber kaum starke Hirsche. Klassische Jagdreiseländer wie Ungarn, Polen, Bulgarien könnten sich den Luxus kapitaler Geweihträger nicht leisten und Bestände mit hohem Aufwand hegen, wenn Trophäenjäger nicht stattliche Summen für den Abschuss bezahlen würden.

Nur solange es Pferderennen und Wetten gibt, werden edle Rennpferde, und nur solange es gute Niederwildjagden gibt, noch Vorstehhunde gezüchtet. Nur solange es Jäger gibt, die sich für die Erbeutung starker Trophäe einsetzen, wird es starke Hirsche geben.

Durch Trophäenjagd bekommen Wild und Jagd einen hohen volkswirtschaftlichen Wert, deshalb sind Regierungen interessiert, Wildbestände nachhaltig zu nutzen und nicht über den Zuwachs hinaus abzuschöpfen.

Jäger aus Westeuropa trugen dazu bei, dass bewährte Jagdtraditionen in osteuropäischen Ländern erhalten blieben. Die ethisch-moralischen Einstellungen zum Rotwild konnten nur bestehen, weil eben diese Gäste sie von den Gastgebern in den jeweiligen Ländern erwarten und pflegen.

Zuständige Regierungsstellen in Ländern mit Jagdtourismus wissen, dass starke Hirsche wertvolle natürliche Ressourcen darstellen, und würden die Kosten für die Erhaltung der „wandelnden Kapitalanlagen" nicht aufwenden, könnten die Abschüsse nicht profitabel vermarktet werden.

Geschäfte mit der vielgeschmähten Trophäenjagd sichern das Überleben vieler Wildtiere, je höher die Abschussprämien sind, desto wertvoller werden die Hirsche, desto mehr wird man um sie besorgt sein.

Mitte der 60er Jahre des vorige Jahrhunderts bestätigte mir ein Forstdirektor aus Polen: „Wären damals die Devisen, die deutsche Jäger für Hirschabschüsse zahlten, ausgeblieben, gäbe es unser gut ausgebildetes Jagdführerpersonal und die gepflegten Jagden längst nicht mehr, es wäre um die jagdlichen Verhältnisse in Polen schlecht bestellt."

Jagd ist eine Form der Bodennutzung. Einem Tierschützer ist schwer zu vermitteln und es ist ethisch auch bedenklich, dass ein nacktes Hirschgeweih mehr Wert sein soll als 150 Kilogramm Wildbret, die einer ganzen Familie helfen, einen harten Winter zu überleben.

Doch wo Licht ist, ist auch Schatten.

Vieles spricht für nachhaltige Bejagung, um gesunde Wildbestände mit starken Trophäen heranzuhegen, dagegen spricht „Trophäenkult".

Ich musste bei meinen Jagdführungen im Ausland manchen Unfrieden zwischen Freunden nur wegen einiger Punkte oder Medaillenklassen miterleben. Die Jagd wurde zum Sammeln des Prestigeobjekts „Trophäe", mit dem man imponieren wollte, degradiert.

Solange es Trophäenschauen und Prämierungen besonders starker Trophäen gibt, wird man diesen Markt der Eitelkeiten kaum abschaffen können.

Hängen an der Wand eines Jägers starke Geweihe oder andere Trophäen ist das kein Beweis für seine Jagderfahrung. Gute Trophäen sagen nur noch selten etwas über die Fähigkeit des Erlegers aus. Wildmeister Mackerodt klagte über Gäste, die er zu führen hatte: „Fast jeder von ihnen schoss Büffel, Bären und Elche, aber jagen, jagen hatte keiner gelernt!"

Jemand, der hohe Geldsummen ausgibt, um einen an der Fütterung gemästeten oder im Gatter gezüchteten Kapitalhirsch zu liquidieren, aber nicht bereit ist, morgens aus den Federn zu kriechen, um einen kümmerlichen Spießer zu schießen oder den Kahlwildabschuss zu erledigen, ist mehr Sammler als Waidmann und schadet dem Ansehen der Jäger.

Auf dem Stand eines Jagdreisevermittlers auf der Messe „Jagd und Hund" in Dortmund hörte ich: „Karl, buche bitte für Herrn Dr. X sieben Kilo."

Es waren nicht sieben Kilogramm Kaffee oder ähnliches gemeint, sondern der Abschuss eines Rothirsches mit sieben Kilo Geweihgewicht. Wild von der Stange, Wild als handelsgängige Ware: Da geht es nicht um Jagd, sondern um Knochen, mit denen jemand angeben und sein Zimmer dekorieren will.

Einen Basthirsch zu schießen, käme in heutiger Zeit fast einem Verbrechen gleich. Noch zu Zeiten Kaiser Franz Josefs war es in Österreich aber durchaus üblich, Kolbenhirsche zu erlegen. Man bewertete das Jagderlebnis höher als einen toten Knochen.

Auch für mich zählt das Erlebnis mehr als das Ergebnis. Der Not gehorchend, schoss ich in Neuseeland, wo ich einige Jahre lang für die Regierung Rotwild geschossen habe, auch junge Kolbenhirsche. Ich erzielte für getrocknete Baststangen beträchtliche Summen und bestritt damit meinen Lebensunterhalt.

Trotzdem bin ich „Trophäenjäger" geblieben. Die Ehrfurcht vor Gottes Schöpfung und die Achtung vor jeder Kreatur sind mir anerzogen worden, aber ich messe meine Fähigkeiten lieber an einem alten starken Hirsch als an einem schwachen unerfahrenen Jüngling. Es ist anspruchsvoller, einen ganz bestimmten, reifen Hirsch zu überlisten, als einen x-beliebigen zu liquidieren, nur um den Abschussplan zu erfüllen.

Und: Ein starker Hirsch lebt, wenn ich mir das Geweih an der Wand betrachte, weiter, wenn auch nur in meiner Erinnerung, eine Trophäe stirbt erst mit dem Erleger.

Gert G. von Harling

Zwischen Bast und blanken Enden

Hardcover, 240 Seiten
35 s/ww-Abb., Format: 16,8 x 23,5 cm
ISBN 978-3-7888-1489-2

Neumann-Neudamm

Naturverständnis, Jagdstrategien entwickeln, alle Sinne einsetzen, um einen Rehbock zu überlisten, das ist es, was wir an der Jagd auf den roten Bock so lieben. Für Gert G. v. Harling ist capreolus capreolus eine beglückende Bereicherung seines Jägerdaseins und nicht nur Forstschädling. Sei es in heimischen Revieren, in England oder wenn es ihn der Böcke wegen Richtung Osten zieht, sei es im Frühjahr während des „Advents der Rehbockjagd", im Sommer zur Blattzeit oder in herbstlich bunten Wäldern auf den bereits grauen Bock. Der meistgelesene Autor deutschsprachiger Jagdliteratur und ausgewiesene Rehwildkenner v. Harling nimmt die Leser mit auf ereignisreiche Pirschgänge und stimmungsvolle Ansitze. Er lässt sie teilhaben an Erfolgen und Misserfolgen, Freuden und Enttäuschungen, lässt sie Stimmungen und Erwartungen während der Jagd mitfühlen und miterleben, vermittelt das Gefühl hautnah dabei zu sein.

Verlag J. Neumann-Neudamm AG
Schwalbenweg 1 34212 Melsungen
Tel 05661.9262-26 Fax 05661.9262-19
info@neumann-neudamm.de www.neumann-neudamm.de

Gert G. von Harling

Reden für Jäger

Musterreden für jagdliche Anlässe

Klappenbroschur, 128 Seiten
36 Illustrationen von Ewald Harrer
Format: 14,8 x 21 cm
ISBN 978-3-7888-1636-0

„Reden ist Silber, Schweigen ist Gold", mag so mancher Jäger denken, wenn es darum geht, eine Rede für eine jagdliches Veranstaltung vorzubereiten, weil ihm so gar nichts Passendes einfallen will.

Dabei ist alles halb so schlimm!

Zwar ist es eine große Kunst, gute und eindrucksvolle Reden zu halten, allerdings eine Kunst, die erlernbar ist.

Die vorliegende Zusammenstellung bietet neben einer kurzen Einführung in die Kunst des Redens, eine Mustersammlung für jede nur erdenkliche Gelegenheit im jagdlichen Alltag: für Eröffnungen von Versammlungen oder Ausstellungen, für Feste und Feierlichkeiten, für Ehrungen, Jubiläen und Trauerfälle.

Neumann-Neudamm

Verlag J. Neumann-Neudamm AG
Schwalbenweg 1 34212 Melsungen
Tel 05661.9262-26 Fax 05661.9262-19
info@neumann-neudamm.de www.neumann-neudamm.de